中国轻工业"十四五"规划教材

板式家具结构与设计

邵 静 编著

中国轻工业出版社

图书在版编目（CIP）数据

板式家具结构与设计 / 邵静编著 . —北京：中国
轻工业出版社，2024.3
ISBN 978-7-5184-4648-3

Ⅰ.①板… Ⅱ.①邵… Ⅲ.①家具—结构设计—教材
Ⅳ.①TS664.01

中国国家版本馆CIP数据核字（2023）第221961号

责任编辑：陈　萍

文字编辑：王　宁　　责任终审：劳国强　　设计制作：锋尚设计
策划编辑：陈　萍　　责任校对：朱燕春　　责任监印：张　可

出版发行：中国轻工业出版社（北京鲁谷东街5号，邮编：100040）
印　　刷：三河市万龙印装有限公司
经　　销：各地新华书店
版　　次：2024年3月第1版第1次印刷
开　　本：787×1092　1/16　印张：15
字　　数：360千字
书　　号：ISBN 978-7-5184-4648-3　定价：58.00元
邮购电话：010-85119873
发行电话：010-85119832　010-85119912
网　　址：http://www.chlip.com.cn
Email：club@chlip.com.cn
版权所有　侵权必究
如发现图书残缺请与我社邮购联系调换
221415J2X101ZBW

前　言

　　《板式家具结构与设计》是家具设计与制造专业教学资源库的配套教材，也是家具设计与制造专业、雕刻艺术与家具设计专业核心课程的配套教材。该教材结合我国定制家具行业发展的特点和高等职业教育人才培养的需要，以课程思政为引领，以职业岗位能力需求为导向，以职业技能培养为核心，以学生为主体，以岗位工作能力、自主学习能力、创新创业能力及综合职业素质为目标，以典型的工作任务为载体，采用"项目—任务"的体例编写。

　　该教材的内容分为两个项目。项目一板式家具结构与拆单，对接定制家具生产前端拆单岗位，培养学生"会识图、知结构、能拆单"的专业技能。该项目分为九个任务，由浅到难、循序渐进，从结构到拆单，环环相扣。项目二板式定制家具设计与表现，对接定制家具前端设计岗位，培养学生"会画图、知原理、能设计"的专业技能。该项目分为七个任务，涵盖居住空间的所有定制家具设计，践行"全屋定制"的设计培养目标。每一个教学任务按照"任务描述—任务分析—知识与技能—任务实施—归纳总结—拓展提高"的构架编写，融入"学习引导"和"学习思考"，以问题为导向，引导学生自主学习、解决问题、完成任务，实现"课堂翻转"的教学模式。每个任务的归纳总结均以思维导图的形式呈现，总结了相关知识与技能，有利于学生将学习内容系统化。知识拓展主要介绍与任务相关的一些专业知识，其中包括一些前沿的技术。本教材图文并茂、重点突出、条理清晰、内容丰富、可操作性强，并充分融入了新理念、新成果、新技术、新规程和编者多年的实践工作经验，期望给使用者更多的收获与更大的提高。

　　本教材内容源于企业又高于企业，具有职业性、实用性、创新性和指导性，真正做到了"任务驱动、理实结合、教学做一体化"，符合高等职业教育的特点和要求，可供家具设计与制造、雕刻艺术与家具设计、室内设计、工业设计等专业的学生和教师使用，同时也适合家具企业技术人员参考阅读。

全书的编写与出版得到了兄弟院校及相关企业的关心与支持，在此向所有关心、支持和帮助该书出版的单位和个人表示最诚挚的感谢！由于作者水平有限，书中难免有一些不足之处，敬请广大读者批评指正。

邵静

2023年9月

目　录

項目一　板式家具结构与拆单

项目一 板式家具结构与拆单

📋 项目描述

　　该项目对接定制家具拆单岗位，培养学生从事板式家具结构拆单的工作能力。要求学生能按照设计图纸，分析顶板、层板、底板、门板、包脚、背板、抽屉等部件与侧板的位置与结构关系，完成图纸到板块的部件拆单任务。该项目所包含的内容是板式家具制造前端的核心技术。

✴ 素质目标

　　❶ 培养学生严谨、认真、敬业、负责的工作态度。

　　❷ 培养学生一丝不苟、尽职尽责的工作作风。

　　❸ 培养学生细针密缕、精益求精的工匠精神。

📖 知识目标

　　❶ 掌握板式家具结构识读及绘图表现的专业知识。

　　❷ 掌握板式家具结构及应用的专业知识。

　　❸ 掌握板式家具拆单工艺的专业知识。

▪▪ 技能目标

　　❶ 能熟练分析板式家具板块的位置与结构关系，具有板式家具结构分解与拆单的能力。

　　❷ 具有熟练的识读图及绘图表现能力，能熟练处理板式家具结构相关的专业问题。

🖥 项目实施

　　该项目通过九个教学任务的实施和典型实际案例的分析讲解，由浅入深、由单一到综合，培养学生"会识图、知结构、能拆单"的专业技能，实现该项目的培养目标。

🎓 学习引导

Q1. 什么是工匠精神？　　　　　　Q3. 简述知识与技能的关系。

Q2. 什么是拆单？　　　　　　　　Q4. 该项目的培养目标是什么？

任务 1 如何分析板式家具结构

📋 任务描述：板式家具的结构与分析

根据给定的某板式家具设计图及效果图（图1-1），分析该产品的组成板块类别及数量，并总结分析板式家具结构的一般方法。

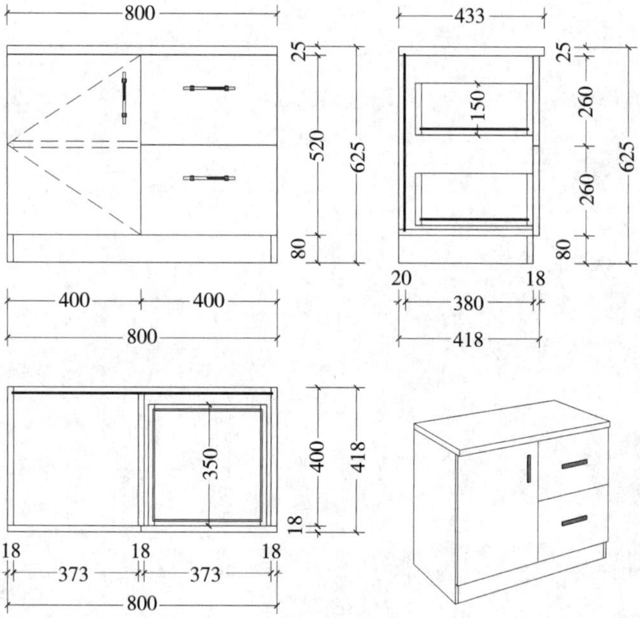

任务分析

该任务是通过识图，分析板式家具的构成。完成该任务应具有以下知识与技能。

▌ 知识目标

❶ 掌握板式家具的概念。

❷ 掌握板式家具的构成。

❸ 掌握板式家具结构分析的一般方法。

❹ 掌握家具识读图的专业知识。

▌ 技能目标

❶ 识图能力：能准确识读三视图所表现的家具结构。

❷ 空间思维能力：结合模型，能想象该家具的立体构成。

❸ 生活观察力：观察身边的板式家具，能分析构成该家具所需要的板块。

图1-1 某板式家具设计图及效果图

🎓 学习思考

Q1. 常用的家具设计图有哪几种？各有什么特点？

Q2. 家具三视图的绘制应遵循什么规律？

知识与技能

一、木质家具结构概述

木质家具按其结构特征的不同，可以分为框式家具、板式家具两个主要大类。

框式家具一般以木材为主要基材，将木材加工成零部件，采用榫接合的形式构成家具框架或形体，其结构可以精简概括为"木材零部件+榫接合"。框架是构成框式家具的基础，榫接合是框式家具结构的核心。如图1-2（a）所示，框式家具由木材零部件构成，风格造型多、结构复杂、生产工艺烦琐，传统古典家具大多是框式家具。现代框式家具为解决销售与运输问题，采用"榫接合+五金连接件接合"的形式来生产可拆装的实木家具。

具有框式结构的明式家具（图1-3）是中式古典家具的典范，在世界家具体系中享有盛名。在世界范围内，能以"式"相称的家具有三类：明式家具、哥特式家具和洛可可式家具，其中中国的明式家具位居首位，被世人誉为"东方艺术的一颗明珠"，是世界家具的巅峰和人类的文化财富。

（a）框式家具　　（b）板式家具

图1-2　框式家具与板式家具

图1-3　框式结构的明式家具

明式家具是中国传统家具里的经典之作，造型大方，比例适度，轮廓简练、舒展；结构科学合理，榫卯精密，坚实牢固；用料讲究，重视木材本身的自然纹理和色泽；雕刻装饰处理得当，金属饰件式样玲珑，色泽柔和，起到很好的装饰作用。

板式家具一般以人造板加工成的板块为基材，板块之间采用专用连接件连接，如图1-2（b）所示，其结构可以精简概括为"板块+连接件"。板式家具一般不用榫卯结构，而使用可拆卸的五金连接件，所以连接件是板式家具构成的核心。

板式家具风格简洁大方，结构简单，生产高效，目前市面上大多数定制家具都是板式家具，如图1-4所示。

🎓 学习思考

Q3. 什么是框式家具？它具有什么结构特征？

Q4. 以明式家具为例，简述"文化自信"的内涵。

图1-4　现代板式家具

二、板式家具构成

如果把一件板式家具看作一个实体，实体的每个面都是由板块围合构成的。按照位置和作用的不同，板块及部件一般可分为以下几种。

侧板：也称为旁板，起到支撑整个柜体的作用。按其位置的不同，可以分为左侧板、右侧板、中立板（也称为中侧板）。

顶板：板式家具最上面或顶部的一块板，起到封闭柜体顶部的作用。当高度低于视平线时，顶板可以作为台面使用，如电视柜、床头柜、低矮餐边柜中的顶板，因此低于视平线的顶板也称为面板。

层板：柜体内部纵向（高度方向）分隔的板块，目的是合理利用柜体内部空间。层板可以分为活动层板和固定层板。

底板：板式家具最下面的一块板，起到封闭柜体底部的作用。

包脚：板式家具底板一般不直接着地，而是离地面80～100mm，包脚则起到正面封闭底板下部缝隙空间的作用，也称踢脚板或踢脚线。

门板：板式家具正面板块，通过开启、闭合的方式，起到正面打开、封闭柜体内部空间的作用。

抽屉：板式家具柜体内部存放物品的活动部件，特别适合设计在柜体下部空间，一般由斗旁、斗尾、斗底、斗面等板块构成。

斗面：柜体正面的活动板块，与抽屉连接，通过抽屉的推拉起到封闭柜体正面的作用。

背板：板式家具背部起封闭作用的板块，柜体背部一般靠贴墙面，所以背板一般都是薄板，特殊情况也会使用硬背板（与柜体板同厚度）。

🎓 学习思考

Q5. 什么是板式家具？它具有什么结构特征？

Q6. 如何理解顶板和面板？

Q7. 板式家具的构成板块及部件有哪些？

图1-5展示了图1-1板式家具的所有构成板块。无论多么复杂的板式结构柜体类家具，都是由上述板块及部件构成的，其中左侧板、右侧板、顶板、底板、背板、门板及斗面等板块围合构成家具的六个面，中立板、层板、抽屉构成家具内部的分隔。

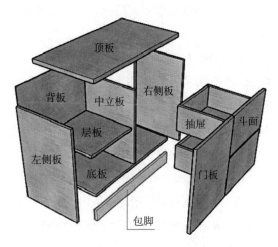

图1-5 板式家具的构成

三、板式家具结构分析的一般方法

板式家具由侧板、顶板、层板、底板、背板、门板、斗面、包脚、抽屉等板块及部件构成。在这些板块和部件中，只有侧板与其他所有板块直接关联，所以分析板式家具结构的一般方法是：从侧板开始，依次分析顶板与侧板、层板与侧板、底板与侧板、门板与侧板、斗面与侧板、包脚与侧板、抽屉与侧板、背板与侧板的位置与结构关系。

分析板式家具结构时，易犯的错误就是遗漏板块。为避免此类错误的产生，分析板式家具结构时应遵循一定的顺序：从侧板开始，然后从左往右、从上往下、从前往后依次有序完成，即左侧板→中立板→右侧板→顶板→层板→底板→门板、斗面、包脚→抽屉→背板。板式家具抽屉种类较多，有木质抽屉、钢板抽屉等。每种抽屉配置的板块数量、规格也有较大差别，所以应根据所选用的抽屉类型配置合适的板块。关于抽屉结构的知识将在后续任务中学习。

板式家具有柜体板、加厚板、门板、背板、看板等各种不同类型的板块，材质规格、花纹颜色、封边等均存在差别，所以分析板式家具板块结构时，还要对板块进行分类处理，同一材料的板块归类到一起，这样有利于后期加工。

四、板式家具识图方法

家具设计图纸一般以三视图为主，识图时应把握以下几点。

❶ 识读三视图时，一定要养成空间思维习惯，要能从平面图中想象出三维图，这是识读图的基础。

❷ 主视图一般以表现家具形体或形状为主，所以首先要看主视图，想象其形体构造，

🎓**学习思考**

Q8. 抽屉作为板式家具的构成部件，为何一般设计在柜体下部空间？

Q9. 木质抽屉部件由哪些板块组成？

Q10. 包脚结构板式家具的主要承重受力板块有哪些？

分析门板、抽屉的数量，门板、抽屉与侧板的结构与位置关系，顶板与侧板的结构与位置关系等。

❸ 侧视图、俯视图多用于表现家具内部结构，并且一般会选择一个或两个剖切面画成剖视图。在看懂主视图的基础上，研究俯视图、侧视图，分析层板、中立板、底板、背板等板块与侧板的位置与结构关系。

❹ 板式家具由板块和部件构成，这些板块和部件多为薄立方形体，所以采用形体分析法读图，对分析板块位置结构及尺寸是非常有效的。

❺ 利用线面分析法识读图：家具板块在三视图中投影时，都是通过线、面的投影规律反映出来的，所以在识读图时应从构成板块的基本元素线、面入手，把握"长对正、深相等、高平齐"的规律，利用线的虚实分析其内外、前后关系。在剖视图中应通过形体断面的填充分析板块的结构与位置。

▎识图练习

图1-6为某家具三视图，识读图并完成其形体与尺寸分析。

▎任务实施

该任务可通过以下步骤完成。

步骤一：观察身边的板式家具，感知围合构成家具的每一个板块的位置与作用，也可以通过观察或拼装产品实物进行学习。

步骤二：识读主视图，观察门板、抽屉，想象该家具的形体。识读侧视图、俯视图，从左往右确定侧板的数量。

步骤三：从上往下确定顶板、层板、底板的位置与数量。

步骤四：从前往后，分析门板、斗面（含抽屉）、包脚、背板的位置与数量。

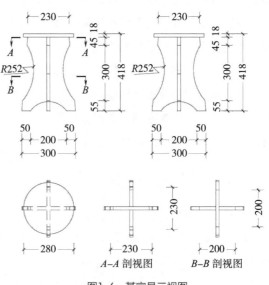

图1-6　某家具三视图

> 🎓 **学习思考**
>
> Q11. 分析板式家具结构时，板块分类处理的依据和意义是什么？
>
> Q12. 通过主视图的识读，可以了解板式家具哪些板块的结构与位置关系？
>
> Q13. 通过识读剖视图，可以了解板式家具哪些板块的结构与位置关系？

❚ **归纳总结**

❶ 知识梳理：该任务包含的主要知识如下，完成括号中内容的填写。

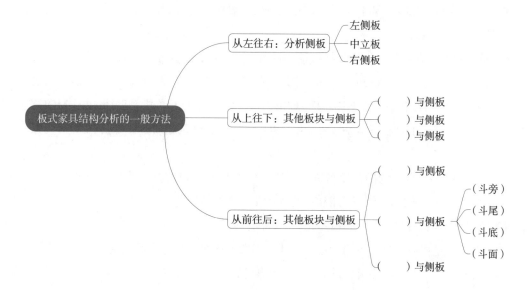

❷ 任务总结：通过学习及任务实施，完成表1-1的填写。

表1-1　板式家具的构成

序号	板块名称	所围合的面或分隔的空间	数量	作用
1	左侧板			
2	右侧板			
3	中立板			
4	顶板			
5	层板			
6	底板			
7	包脚			
8	门板			
9	斗面			
10	背板			
11	抽屉			

🎓 **学习思考**

Q14. 什么是形体分析法和线面分析法？

Q15. 板块命名的一般原则是什么？

Q16. 为什么板式家具的背板一般使用5mm厚的薄板？

✦ 拓展提高

一、板式家具的构成部件——板块

板块是构成板式家具的基本单元，其由人造板经锯切、封边、钻孔等工艺加工而成。板块的信息包括以下内容。

❶ **板块基本信息**：包括板块基材信息、表面饰面材料、表面颜色纹理等。

板块基材信息：包括基材种类、基材产地、品牌、环保等级等具体内容。目前板式定制家具主要采用的基材有刨花板、定向刨花板（OSB、欧松板）、多层板、中密度纤维板（MDF）等。

表面饰面材料：主要有三聚氰胺浸渍纸（SQ浸渍纸）、聚氯乙烯塑料薄膜（PVC）、薄木、油漆等。

表面颜色纹理：板块的颜色纹理取决于表面饰面材料。目前，人造板表面饰面材料的颜色、花纹丰富多样，不同厂家、不同品牌的颜色花纹都有差异性。

❷ **板块规格信息**：包括板块理论尺寸、实际开料尺寸。

理论尺寸：是指通过拆单得出的成型尺寸，不考虑板块的封边及活动缝隙等。

实际开料尺寸：是指扣除板块封边厚度、考虑板块活动缝隙、满足组装要求而得出的实际裁板尺寸。

板块的厚度按照人造板的厚度确定，一般情况下柜体板16mm或18mm，加厚板（作为台面或桌面）25mm，薄背板3mm或5mm，门板18mm或20mm。

❸ **板块加工信息**：主要包括封边、排孔及其他加工信息，如开槽、表面雕花等。

封边：包括封边条种类、厚度、数量等。

排孔：包括结构孔和系统孔。结构孔指三合一或二合一连接件孔，系统孔指活动层板安装孔、铰链安装孔、滑轨安装孔等。

表面雕花：门板的花型、边型等。

❹ **板块信息化管理**：将板块所有信息生成二维码，实行一板一码。加工设备加工前通过扫码读取相关信息并完成加工，这是板式家具智能化生产的基础。

▎板块信息化处理练习

图1-7为某家具侧板排孔图，试将其基本信息做成一个二维码。

基材：SQ浸渍纸饰面刨花板。

🎓 **学习思考**

Q17. 板块信息的主要内容有哪些？

Q18. 简述定制家具常用基材：刨花板、定向刨花板（OSB、欧松板）、多层板、中密度纤维板（MDF）的性能特点。

Q19. 常用的二维码生成软件有哪些？

纹理：白橡木。

封边：0.6mmPVC同色封边、倒棱。

排孔：三合一预埋螺母孔为φ10mm×13mm；圆棒榫孔为φ8mm×13mm；系统孔为φ5mm×13mm，用于层板托、铰链或抽屉轨道的安装。

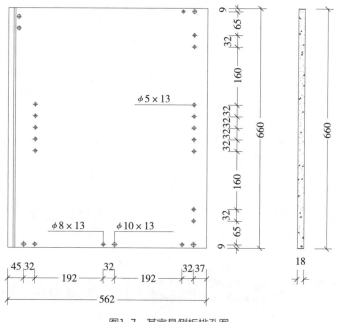

图1-7　某家具侧板排孔图

二、什么是看板

目前，板式定制家具柜体板大多采用三聚氰胺浸渍纸饰面板，而门板材料的选择品种繁多，有三聚氰胺浸渍纸饰面板、PVC吸塑门板、烤漆门板、UV晶钢板、玻璃门板、实木门板等，因此会出现门板的颜色、花纹、表面造型与柜体侧板不协调的情况。鉴于此，在柜体侧板表面（主要是看面）加贴一块与门板相同的板块，进行装饰美化处理，这块板称为看板。

看板也称为S（S为Side简称）板、边板、装饰板等，如图1-8所示。

图1-8　板式家具中的S板

🎓 **学习思考**

Q20. S板的作用是什么？

Q21. S板与柜体侧板如何连接？

巩固练习

根据图1-9所给定的某板式家具三视图，完成下列任务。

❶ 分析构成该产品的板块及其作用，填写到表1-2中。

❷ 绘制顶板、底板、左侧层板的形状图，并标注尺寸。

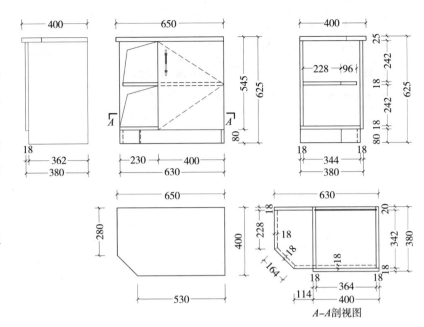

图1-9 某板式家具三视图

表1-2 图1-9所示板式家具的板块及其作用

序号	板块名称	位置	数量	作用
1				
2				
3				
4				
5				
6				
7				
8				
9				
10				
11				
12				

🎓 **学习思考**

Q22. 识读图1-9，该家具由几块侧板构成？

Q23. 从上往下识读图1-9的主视图、侧视图，可以得到该家具有几块顶板、层板、底板？

Q24. 识读图1-9，该家具由几块门板、包脚、背板构成？

任务2　顶板与侧板的位置及结构分析

📋 任务描述：顶板的结构与拆单

根据给定的两款地柜的三视图及效果图（图1-10和图1-11），分析顶板与侧板的位置与结构关系，掌握顶板尺寸的求解方法，并总结出其应用规律。

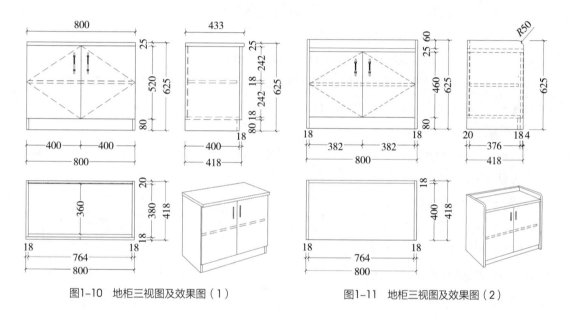

图1-10　地柜三视图及效果图（1）　　　　图1-11　地柜三视图及效果图（2）

任务分析

该任务是以两款典型地柜产品的对比为例，通过读图、识图，说明顶板与侧板的两种位置与结构关系，并总结其应用规律。完成该任务应具有以下知识与技能。

▌知识目标

❶ 掌握顶板与侧板的位置与结构关系。

🎓 学习思考

Q1. CAD绘图时，家具门板的开启方向是如何表现的？

Q2. 图1-10和图1-11所示地柜的总体尺寸是多少？

Q3. 顶板与侧板有几种位置关系？

❷ 掌握顶板与侧板的位置与结构关系的识图及绘图表现（三视图）。

▍技能目标

❶ 具有正确分析板式家具顶板与侧板的位置与结构关系的能力。
❷ 具有正确设计板式家具顶板结构与完成顶板尺寸拆单的能力。

📖 知识与技能

一、板式家具顶板与侧板的位置与结构关系

板式家具顶板与侧板的位置关系可以分为以下几种形式。

❶ 顶板盖侧板（或顶板盖旁板）

从宽度方向看，顶板盖侧板分为平头顶板和出头顶板两种。

图1-10为顶板盖侧板结构，顶板宽度与柜体宽度相等，顶板两边与柜体左右侧板平齐，因此这种结构称为平头顶板。识图可得出：

顶板宽度=柜体宽度=800mm。

顶板深度=侧板深度+顶板前后出边量=400mm+33mm（顶板后面与侧板平齐，前面较侧板出边33mm）。

图1-12也为顶板盖侧板结构，但顶板左右两边较侧板伸出，比柜体宽30mm（830mm-800mm），左右各出边15mm，这种结构称为出头顶板。识图可得出：

顶板宽度=柜体宽度+顶板左右出边量=800mm+30mm。

顶板深度=侧板深度+顶板前后出边量=400mm+（15mm+33mm）=448mm。

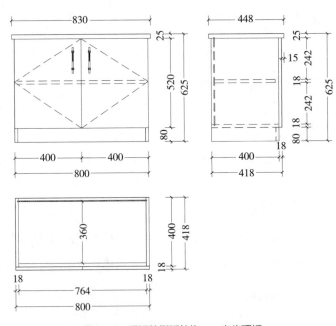

图1-12　顶板盖侧板结构——出头顶板

🎓 学习思考

Q4. 徒手绘图表现顶板盖侧板的两种位置关系。

Q5. 如何理解平头、出头？

Q6. 图1-12中顶板的厚度为多少？

❷ 侧板夹顶板

图1-11为侧板夹顶板结构，顶板上面三方起围，识图可得出：

顶板宽度=柜体宽度-左右侧板厚度=800mm-（18mm+18mm）=764mm。

顶板深度=侧板深度=418mm（顶板前后一般与侧板平齐）。

图1-13地柜与图1-11地柜的外形相同，顶板均为三方起围的设计，但图1-13地柜的背板为硬背板，背板包顶板，识图可以得出：

顶板宽度=柜体宽度-左右侧板厚度=800mm-（18mm+18mm）=764mm。

顶板深度=侧板深度-背板厚度=418mm-18mm=400mm。

❸ 顶板与侧板合角结构

图1-14所示为一种顶板与侧板45°合角接合的结构，这种合角结构的加工精度要求高，连接件接合稳定性差，所以一般不使用。通过识图可以得出：

顶板宽度=柜体宽度=800mm。

顶板深度=柜体深度=400mm。

综上所述，板式家具顶板常用的主要是顶板盖侧板、侧板夹顶板两种位置与结构关系，其中顶板盖侧板又包括平头顶板和出

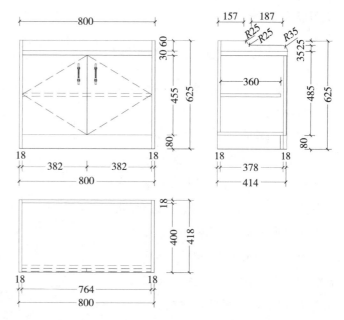

图1-13　硬背板、左右侧板夹顶板、三方起围结构

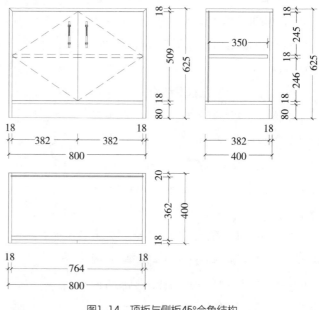

图1-14　顶板与侧板45°合角结构

📖 **学习思考**

Q7. 徒手绘制透视图或轴测图表示侧板夹顶板结构。

Q8. 画出侧板的外形图。

Q9. 画出合角结构顶板、侧板的外形图。

头顶板两种形式。

二、板式家具顶板的结构设计与应用

板式家具顶板的结构设计一般从以下几个方面考虑。

❶ 柜体高度

当柜体高度低于视平线（通常按照1500mm左右考虑）时，顶板往往会当作台面使用，所以一般设计为顶板盖侧板结构，如常见的电视柜、床头柜、餐边柜等。图1-15为高度1200mm的餐边柜，顶板作为台面使用，考虑台面的完整性及美观效果，设计为顶板盖侧板结构比较合理。

当柜体高度高于视平线时，如衣柜、书柜、高立柜等，既可以设计为侧板夹顶板结构，也可以设计为顶板盖侧板结构。考虑侧板的完整性及美观效果，一般设计为侧板夹顶板结构，如图1-16所示的书柜顶板设计。

❷ 柜体顶板上方起围结构

柜体顶板上方有三方起围时，既可以设计为侧板夹顶板结构（图1-17），也可以设计为顶板盖侧板结构（图1-18）。考虑侧板的整体效果，一般设计为侧板夹顶板结构。

从侧视图可以看出，图1-17所示的侧板夹顶板时，侧板形体完整、整体感较好；图1-18所示的顶板盖侧板时，侧板在高度方向上被分段，侧面视觉效果较差。

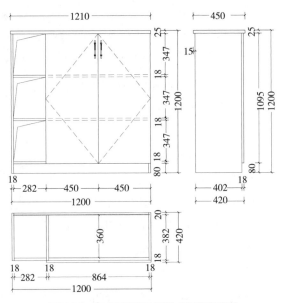

图1-15　高度低于视平线的家具顶板设计

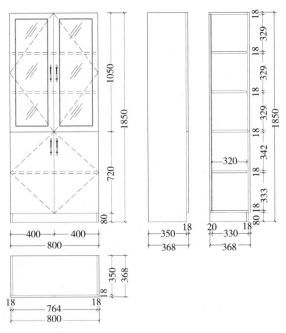

图1-16　高度高于视平线的书柜顶板设计

🎓**学习思考**

Q10. 视高通常为1500mm左右的依据是什么？

Q11. 柜体高度低于视平线时一般设计为顶板盖侧板结构是基于什么原因？

Q12. 柜体高度高于视平线时一般设计为侧板夹顶板结构是基于什么原因？

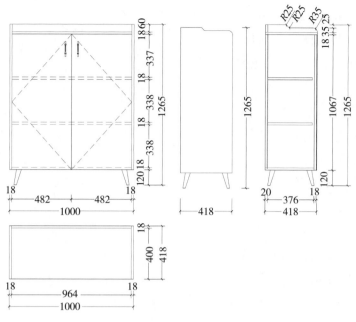

图1-17　三方起围时的侧板夹顶板结构

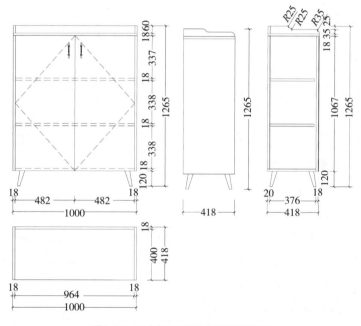

图1-18　三方起围时的顶板盖侧板结构

学习思考

Q13. 图1-17中顶板的宽度是多少？

Q14. 图1-18中顶板的宽度是多少？

Q15. 徒手绘制透视图或轴测图，表现顶板深度大于侧板深度时侧板夹顶板和顶板盖侧板的形式。

❸ 顶板与侧板的正面出边比较

当柜体的顶板较侧板正面出边（顶板深度＞侧板深度）时，一般设计成顶板盖侧板结构。如图1-19所示的衣柜，顶板要伸出中侧板100mm，用于移门滑轨的安装。这种情况下，就应设计成顶板盖中侧板结构。

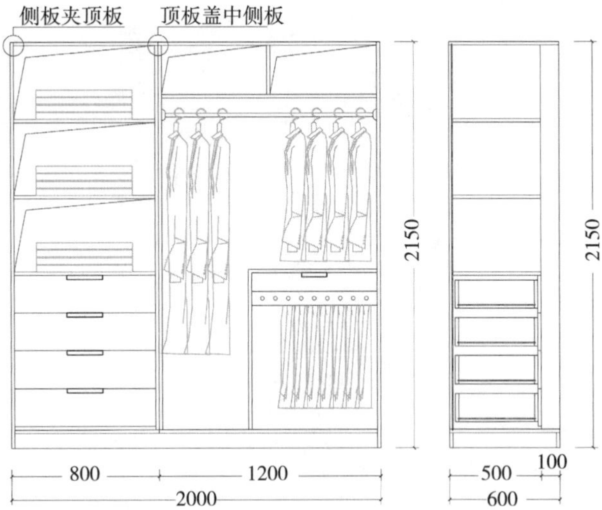

当设计的柜体要求顶板与侧板正面平齐时，顶板既可设计为侧板夹顶板结构，也可设计为顶板盖侧板结构，如图1-20所示。考虑侧板的整体效果，一般宜设计为侧板夹顶板结构。

以上三方面是板式家具顶板设计应遵循的一般规律。具体采用侧板夹顶板还是顶板盖侧板，要从产品功能、加工、安装、视觉效果等多方面考虑。

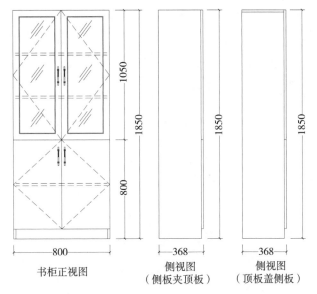

图1-19　移门衣柜顶板设计

▌任务实施

为顺利完成该任务，建议按照以下步骤实施。

步骤一：模拟训练。寻找两块板，按照图1-21模拟顶板盖侧板、侧板夹顶板两种位置与结构关系，并绘制三视图把两种位置关系表现出来，这有利于后面专业知识的学习和理解。

步骤二：知识研学。通过相关知识的课堂学习，掌握顶板与侧板的位置与结构关系，掌握顶板设计的一般方法。

图1-20　顶板与侧板正面平齐时顶板的设计

步骤三：识图引导。该任务中所有的三视图都应该认真识读，从各视图中弄清楚顶板与侧板的位置与结构关系，并掌握其表现方法。

🎓 **学习思考**

Q16. 徒手绘制透视图或轴测图，表现顶板深度和侧板深度相等时侧板夹顶板和顶板盖侧板的形式。

Q17. 设计一款高800mm的地柜，顶板作为台面使用，可以选择图1-21中的哪种结构？

步骤四：实物展示。利用空间思维无法想象出顶板与侧板的位置关系时，建议采用实物展示的方式，让学生直观理解顶板与侧板的位置与结构关系。

步骤五：分组讨论。通过讨论的形式，学生相互交流学习，理解顶板与侧板的位置与结构关系，并能正确计算顶板尺寸。

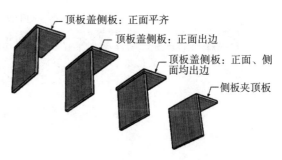

顶板盖侧板：正面平齐
顶板盖侧板：正面出边
顶板盖侧板：正面、侧面均出边
侧板夹顶板

图1-21　顶板与侧板位置关系模拟

▌归纳总结

❶ 知识梳理：该任务包含的主要知识如下。

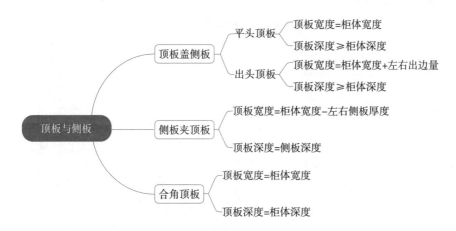

❷ 任务总结：通过该任务的实施，完成表1-3至表1-5的填写。

表1-3　顶板与侧板的位置与结构关系

序号	顶板与侧板位置关系		顶板宽度	顶板深度
1	顶板盖侧板	平头顶板		
		出头顶板		
2	侧板夹顶板			
3	合角顶板			

表1-4　板式家具顶板结构设计与应用

序号	设计条件	顶板与侧板的位置与结构关系
1	柜体高度低于视平线，顶板作为台面使用	
2	柜体高度高于视平线	
3	柜体三方起围结构	
4	柜体顶板较侧板正面出边	
5	柜体顶板与侧板正面平齐	

表1-5　图1-10和图1-11地柜的侧板及顶板尺寸拆单

拆单产品	序号	部件名称	部件规格	数量	材料
图 1-10 地柜	1	侧板			
	2	顶板			
图 1-11 地柜	1	侧板			
	2	顶板			

拓展提高

一、共顶板结构

在定制家具设计时，组合家具共顶板的情况时常出现，如整体厨柜、餐边柜、组合地柜等。这类产品采用整体台面，柜体由单柜组合而成，如图1-22所示。

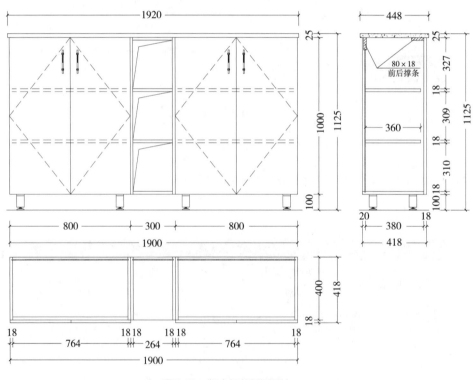

图1-22　组合柜共顶板设计

学习思考

Q18. 如何理解共顶板结构？

Q19. 撑条的作用是什么？一般设计为多大的规格？

共顶板结构柜体的顶板一般采用前后撑条代替，撑条可以平装也可以立装，如图1-23所示。共顶板采用人造板或人造石，柜体拼装完成后，共顶板安装或放置在调平的柜体上即可。图1-23所示的组合柜即由三个单体柜组合而成。

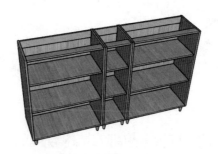

图1-23　共顶板柜体结构

二、圆角柜顶板结构

在轻奢简约风格、意式风格家具或儿童家具的设计中，往往采用圆角柜设计，如图1-24所示。

顶板与侧板采用圆角部件连接时，圆角零件可以先与顶板连接构成整体，也可以作为独立部件与侧板、顶板接合，如图1-25所示。

图1-24　圆角柜设计

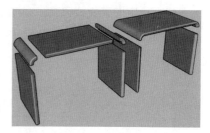

图1-25　圆角柜结构

▌巩固练习

根据提供的某地柜三视图（图1-26），补全其剖视图，并计算其顶板尺寸。

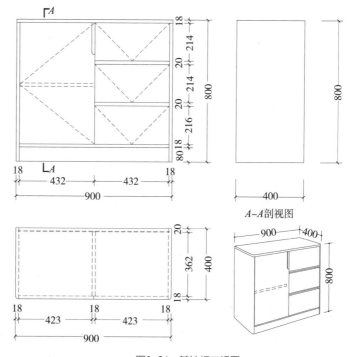

图1-26　某地柜三视图

🎓学习思考

Q20. 儿童家具设计圆角柜的意义是什么？

Q21. 图1-26设计的产品，顶板与侧板是什么位置关系？

Q22. 图1-26设计的产品的顶板尺寸为多少？

任务3 底板、包脚与侧板的位置及结构分析

任务描述：底板、包脚的结构与拆单

根据给定的某板式家具三视图（图1-27），分析板式家具底板、包脚与侧板的位置与结构关系，精确计算底板、包脚的尺寸，总结底板、包脚设计应用的一般规律。

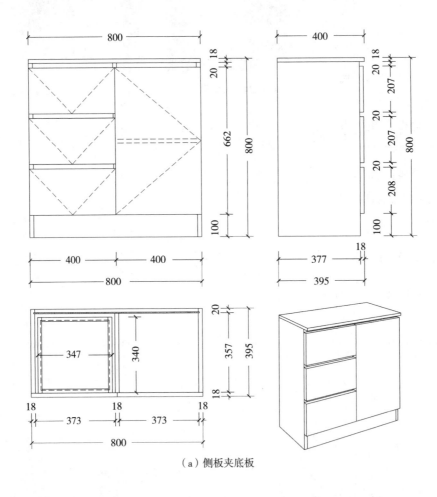

（a）侧板夹底板

学习思考

Q1. 找出图1-27（a）、（b）、（c）的差别。

Q2. 图1-27（a）、（b）、（c）中，底板的尺寸分别为多少？

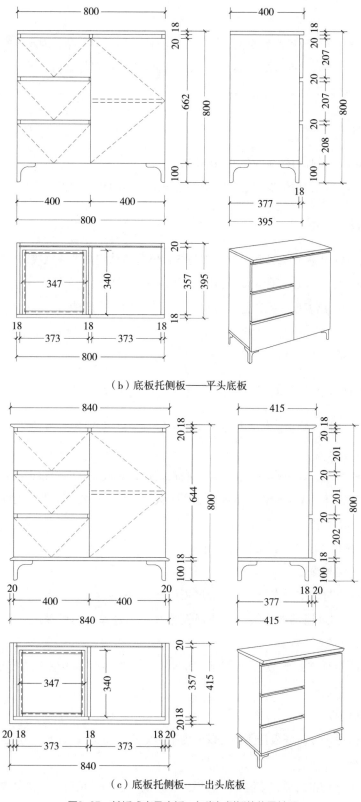

（b）底板托侧板——平头底板

（c）底板托侧板——出头底板

图1-27　某板式家具底板、包脚与侧板的位置关系

任务分析

该任务以一款典型地柜产品为例，设计了三种样式相近的产品，表现不同的底板、柜脚结构。通过识读图，要求掌握板式家具底板、包脚与侧板的位置与结构关系及其设计应用规律。完成该任务应具有以下知识与技能。

▍知识目标

❶ 掌握底板、包脚与侧板的位置与结构关系。

❷ 掌握底板、包脚与侧板位置与结构关系绘图表现的相关知识（三视图）。

▍技能目标

❶ 具有正确分析板式家具底板、包脚与侧板位置与结构关系并完成部件拆单的能力。

❷ 具有正确设计板式家具底板、包脚结构与尺寸的能力。

❸ 具有正确绘图表现底板、包脚与侧板位置与结构关系的能力。

◎ 知识与技能

一、板式家具底板、包脚与侧板的位置与结构关系

板式家具的底板与侧板的位置与结构关系可以分为以下几种。

❶ 侧板夹底板

这是一种较常用、较为典型的板式家具底板结构，侧板左右两边包夹底板，侧板着地，并与包脚一起支撑柜体，避免底板与地面接触产生吸湿变形。底板离地高度为包脚高度，通常为80～100mm。底板尺寸的计算方法如下。

底板宽度=柜体宽度–左右侧板厚度。

底板深度≤侧板深度。

背板采用四方进槽结构安装时，一般底板深度=侧板深度。

背板采用三方进槽结构安装时，即背板包底板不进槽，底板深度=侧板深度–背板包槽尺寸。

图1-27（a）为四方进槽底板，如果是三方进槽，则俯视图、侧视图均有变化。图1-28为两种底板结构各视图的对比。

❷ 底板托侧板

和顶板盖侧板一样，底板托侧板可以分为平头底板、出头底板两种。底板托侧板时，一般采用装脚支撑柜体。

平头底板可分为正面平齐（侧板与底板）和正面出边两种情况，区别就是底板深度不同，如图1-29所示。

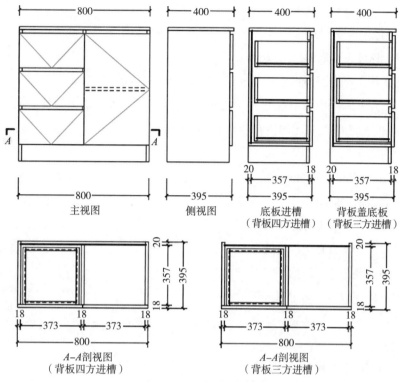

图1-28 两种底板结构对比

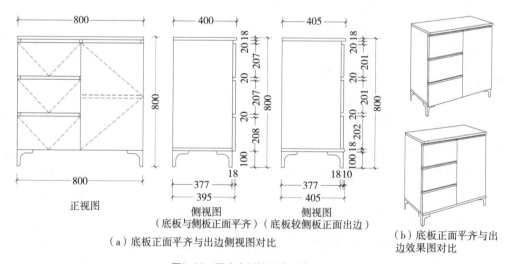

图1-29 平头底板的两种形式

🎓 **学习思考**

Q3. 包脚的作用有哪些?

Q4. 三方进槽和四方进槽在侧视图表现上的区别是什么?

Q5. 图1-29(a)中,右边侧视图中的底板深度是多少?

平头底板尺寸的计算方法如下。

底板宽度=柜体宽度=800mm。

平齐时底板深度=侧板深度= 377mm。

出边时底板深度=侧板深度+出边量 = 377mm+18mm+10mm=405mm。

图1-27（c）为出头底板的结构形式，通过识图可以看出，底板左右两边及正面三方均出边。

底板宽度=柜体宽度+左右出边量= 800mm+40mm=840mm。

底板深度=侧板深度+正面出边量= 377mm+18mm+20mm=415mm。

❸ 底板与侧板合角结构

图1-30所示的侧板与顶板、底板均为合角结构。为将合角边框显露出来，门板一般内藏，这种结构加工精度要求较高，应用较少。通过识图可以得出：

底板宽度=柜体宽度。

底板深度=柜体深度=侧板深度。

❹ 柜脚结构

家具的柜脚起到支撑柜体的作用，按其形式分为包脚、亮脚两种，对比如图1-31所示。

包脚：家具正面底部（底板下方）用一块板封闭，和左右侧板形成一个密闭的内部空间，起到支撑柜体的作用，这块板称为包脚。

板式家具大多采用包脚结构，包脚和柜体侧板、底板的位置与结构关系可以概括为：侧板左右夹、底板上面盖，如图1-32所示，包脚可分为前包脚、后包脚。

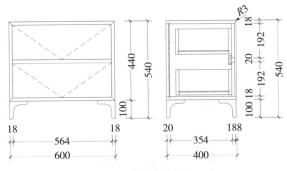

图1-30　合角结构的底板形式

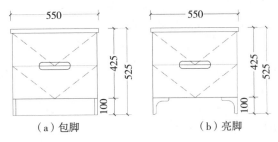

（a）包脚　　　　　　（b）亮脚

图1-31　包脚和亮脚对比

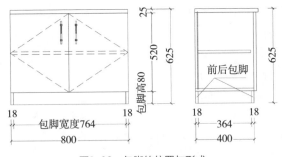

图1-32　包脚的位置与形式

🎓**学习思考**

Q6. 家具为图1-30的合角结构时，顶板、侧板、底板的切角角度为多少？

Q7. 图1-30中底板的深度、宽度分别是多少？

Q8. 板式家具使用前后包脚结构有什么好处？

包脚尺寸的计算方法如下。

包脚宽度=柜体宽度-左右侧板厚度。

包脚高度一般取值为80~100mm。

亮脚：家具底板下部的空间不封闭，柜体用脚或腿架支撑，这种家具结构形式称为亮脚。在板式家具结构中，装脚为最常见的亮脚结构，装脚高度通常在100mm左右。

二、板式家具底板、包脚的结构设计与应用

板式家具底板的结构设计一般应从以下几方面考虑。

❶ 柜脚形式

板式家具底板的结构设计首先应考虑柜脚的形式，如果选用包脚，则一般设计为侧板夹底板的结构形式；如果选用亮脚，则可以设计为侧板夹底板，也可以设计为底板托侧板，如图1-33所示。

对于大型组合柜，可以考虑前后包脚的结构，这样可以提高稳定性和承重效果。图1-34为一组2000mm宽的衣柜，由一个800mm宽的单体柜和一个1200mm宽的单体柜组合而成，设计为前后包脚的结构。

从视觉效果来看，包脚形式的家具显得更稳定；亮脚形式的家具显得更轻巧，所以低矮家具、小型家具多

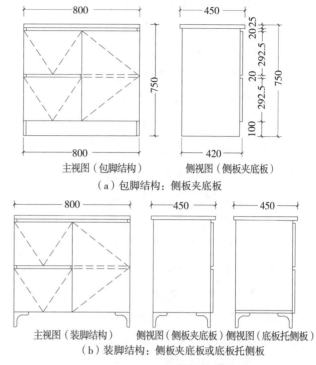

（a）包脚结构：侧板夹底板

（b）装脚结构：侧板夹底板或底板托侧板

图1-33　柜脚形式与底板结构

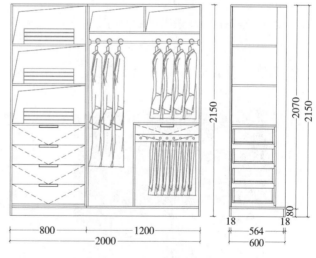

图1-34　前后包脚结构的衣柜

🎓**学习思考**

Q9. 图1-33（a）中，底板与包脚是什么位置关系？

Q10. 图1-34中，前后包脚结构的两个柜体的宽度尺寸分别为多少？

Q11. 计算图1-34中衣柜的包脚尺寸。

采用亮脚设计，能有效降低体量感，显得轻巧活泼。图1-35为地柜两种脚型的视觉对比。

　　厨柜、卫浴柜等水湿环境中的家具，为防止侧板接触地面导致吸湿变形，不宜设计为包脚结构，一般使用金属或塑料调整脚（装脚结构）。这样既可以避免柜体着地，又可以调整高度，其底板结构可以采用侧板夹底板，也可以采用底板托侧板。考虑侧面的美观性及整体效果，多数情况下采用侧板夹底板结构，如图1-36所示。

　　❷ 底板与侧板的正面出边

　　当底板和侧板正面平齐或底板较侧板内缩时（即底板深度≤侧板深度），一般采用侧板夹底板的结构设计，如图1-37所示。

　　当底板较侧板正面出边时，即底板深度＞侧板深度，一般采用底板托侧板的结构设计。图1-38左边为底板托侧板结构，是合理的；右边为侧板

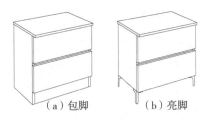

（a）包脚　　　　（b）亮脚

图1-35　包脚、亮脚视觉效果对比

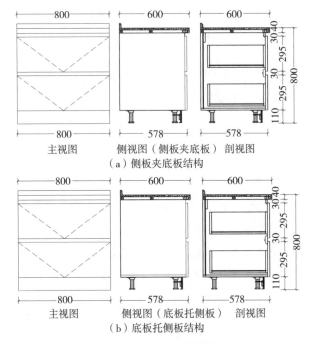

主视图　　　侧视图（侧板夹底板）　剖视图

（a）侧板夹底板结构

主视图　　　侧视图（底板托侧板）　剖视图

（b）底板托侧板结构

图1-36　厨柜装脚两种结构对比

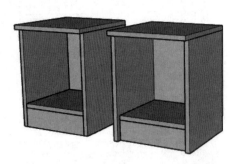

图1-37　底板深度≤侧板深度时的侧板夹底板结构

图1-38　底板深度＞侧板深度时的底板托侧板结构

🎓 学习思考

　　Q12. 找出图1-36（a）、（b）的区别。

　　Q13. 说明图1-38右边结构不合理的原因。

　　Q14. 什么是类比法？这种分析问题的方法有什么好处？

夹底板结构，侧板不能遮掩底板两端，是不合理的。

▌任务实施

为了更好地完成该任务，建议按以下几个步骤实施。

步骤一：底板与侧板位置关系模拟。找两块厚度18mm、宽度300mm左右的板块，模拟底板与侧板的位置与结构关系，便于学生更好地完成该任务的读图与识图。

步骤二：采用类比法。可以先复习顶板与侧板的位置与结构关系，再学习底板与侧板的位置与结构关系，这样有利于更好地理解与掌握相关知识。

步骤三：实物辅助。观察身边的板式家具，直观体验与绘图表现相结合，掌握底板与侧板的位置与结构关系及其设计应用的相关知识。

步骤四：拆单训练。采用分组学习的模式，组织学生读图识图，完成给定图纸的侧板、顶板、底板、包脚等部件的尺寸分析及拆单。

▌归纳总结

❶ 知识梳理：该任务包含的主要知识如下。

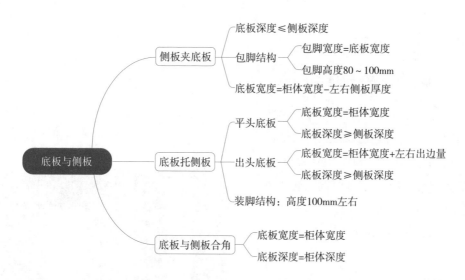

❷ 任务总结：通过该任务的实施，完成表1-6的填写。

表1-6　底板与侧板的位置与结构关系

序号	底板与侧板位置关系		底板宽度	底板深度
1	底板托侧板	平头底板		
		出头底板		
2	侧板夹底板			
3	合角底板			

❸ 完成图1-27家具部分板块的拆单，并填写表1-7。

表1-7   图1-27家具部分板块拆单

拆单产品	序号	部件名称	部件规格	数量	与侧板的位置与结构关系
图1-27（a）家具	1	侧板			
	2	顶板			
	3	底板			
	4	包脚			
图1-27（b）家具	1	侧板			
	2	顶板			
	3	底板			
	4	包脚			
图1-27（c）家具	1	侧板			
	2	顶板			
	3	底板			
	4	包脚			

🧩 拓展提高

一、共底座板式家具的底板结构

在设计组合板式家具时，为方便柜体的安装和调平，有时会选择共底座的结构设计。如图1-39所示，两个柜体放在共同的包脚结构底座上，安装时调平底座，再将两个柜体放置在底座上，柜体与底座用螺钉锁紧固定，这样就完成了柜体的安装。

共底座的结构主要用于体量大的板式家具，如组合衣柜、书柜、酒柜、装饰柜、壁柜等。由于柜体较大，安装时调平比较烦琐，采用共底座结构会使安装相对快捷方便。

共底座结构的组合家具设计时，柜体不含包脚，底板与侧板的位置与结构关系主要考虑底板正面边部是否显露，即门板是否遮掩底板正面边部。

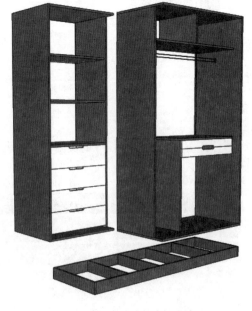

图1-39   共底座组合柜设计

❶ 柜子底板正面边部不显露

这种情况就是门板遮掩了底板正面，底板深度≤侧板深度。如图1-40所示，右边底板深度小于侧板深度，左边底板深度等于侧板深度，两种情况下均设计为侧板夹底板结构。

❷ 柜子底板正面边部显露

这种情况是门板不掩盖底板正面边部，底板深度＞侧板深度，如图1-41所示，应设计为底板托侧板结构。

二、圆角柜底板结构

底板为圆角时，一般为亮脚结构，可以采用围脚，也可以采用装脚，如图1-42所示。围脚结构显得更稳定，装脚结构显得更轻巧。圆角底板和顶板一样，既可以做成整体的圆角底板，也可以做成独立的圆角部件，分别与侧板、底板连接。

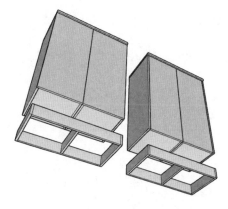

图1-40　共底座——底板深度≤侧板深度

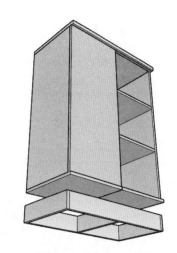

图1-41　共底座——底板深度＞侧板深度

图1-42　圆角柜底板与亮脚

✎ **学习思考**

Q15. 图1-40中，左右两个柜子的底板与侧板的深度有什么不一样？

Q16. 图1-41中底板与侧板是什么深度关系？

▌**巩固练习**

根据提供的图纸资料（图1-43），补全该家具三视图及透视图，并计算其底板尺寸。

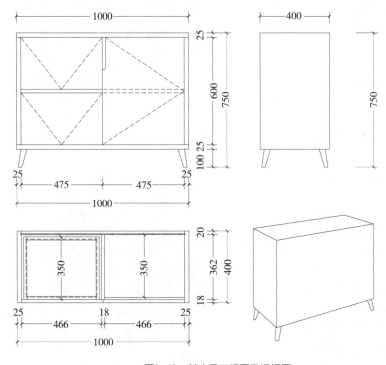

图1-43 某家具三视图及透视图

🎓 **学习思考**

Q17. 画出图1-43家具的侧向剖视图。

Q18. 识图1-43，顶板、底板与侧板是什么位置关系？

任务4 门板与侧板的位置及结构分析

📋 任务描述：门板的结构与拆单

图1-44表示了平开门与侧板的三种位置与结构关系，掌握三种门的绘图表现，掌握计算门板理论尺寸、实际尺寸的方法。

任务分析

该任务以一件家具产品为例，设计三种不同的开门形式。通过识图，掌握板式家具平开门板与侧板的位置与结构关系及其应用规律。完成该任务应具有以下知识与技能。

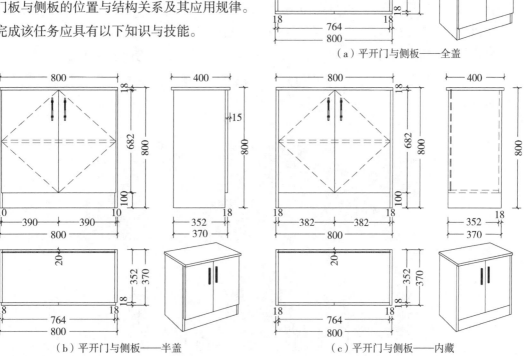

（a）平开门与侧板——全盖

（b）平开门与侧板——半盖　　（c）平开门与侧板——内藏

图1-44　平开门与侧板的位置与结构关系

🎓 学习思考

Q1. 找出图1-44（a）、（b）、（c）的差别。

Q2. 如何理解"图纸错一线，产品错一片"？谈谈绘图细节表现的重要性。

▎ 知识目标

❶ 掌握门板与侧板的位置与结构关系。

❷ 掌握门板与侧板位置与结构关系绘图表现的相关专业知识（三视图）。

▎ 技能目标

❶ 具有正确分析板式家具门板与侧板的位置与结构关系并完成部件拆单的能力。

❷ 具有正确设计板式家具门板结构的能力。

📖 **知识与技能**

板式家具门板有平开门、移动门、折叠门、卷帘门等多种形式，其中平开门应用最为广泛。

一、平开门的结构与拆单

板式家具的平开门按照门板与侧板的位置关系，可以分为外盖门、内藏门两种，其中外盖门又可以分为全盖（全遮）、半盖（半遮）两种形式。门板与侧板采用可拆卸、可调节的弹簧暗铰链连接，常用的开启角度为95°，100°，110°等。按照铰链臂的弯曲度，可以将铰链分为直臂、中弯臂、大弯臂三种，与之对应的门板形式为全盖（全遮）、半盖（半遮）和内藏（内嵌），如图1-45所示。

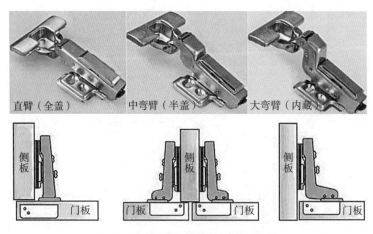

图1-45　家具门板五金连接件——铰链

🎓**学习思考**

Q3. 列举生活中见到的门的开启形式和其应用案例。

Q4. 图1-45中三种铰链的区别在哪里？

❶ 全盖门板

全盖门板是指门板完全掩盖侧板的边部，柜体侧板边部不显露，如图1-46所示。

从全盖门板组合柜的正面看，门板缝隙均匀一致，侧板边部不显露，整体简洁，尺寸精度要求较高。

理论上全盖门板总宽度=柜体宽度，观察分析可得出：

门板宽度=柜体宽度/门板块数。

门板高度=侧板高度-包脚高度。

门板作为活动部件，为避免开启闭合时相互干涉，应留有一定的工艺缝隙，实际尺寸应小于理论尺寸。一般情况下，每块门板宽度缩减2~3mm，高度缩减2~5mm。因此：

门板实际宽度=理论宽度-（2~3mm）。

门板实际高度=理论高度-（2~5mm）。

❷ 半盖门板

半盖门板是指门板遮掩侧板边部8~10mm，即侧板厚度的二分之一左右，侧板边部显露一半，如图1-47所示。

半盖门板组合柜的门板缝隙大小不均，组合处缝隙为一块侧板的厚度，侧板边部可见，门板尺寸精度要求较低。

理论上，门板宽度总尺寸=柜体宽度-（16~20mm），通过分析可得出：

门板宽度=［柜体宽度-（16~20mm）］/门板块数。

门板高度=侧板高度-包脚高度。

和全盖门板一样，半盖门板的实际尺寸也应在理论尺寸的基础上缩减工艺缝隙，确

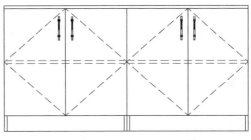

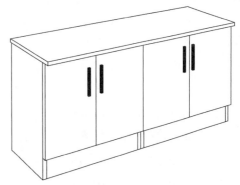

图1-46 全盖门板组合柜效果图

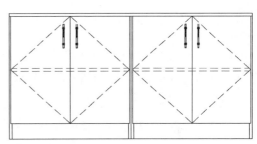

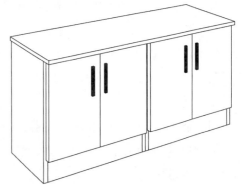

图1-47 半盖门板组合柜效果图

🎓 **学习思考**

Q5. 画出图1-46全盖门板的侧视图。

Q6. 画出图1-47半盖门板的侧视图。

保门板的正常开启与闭合。

❸ 内藏门板

内藏门板是指门板嵌入柜体内，柜体侧板边部完全显露，如图1-48所示。

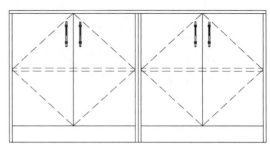

内藏门板的总宽度等于柜体净宽（左右侧板的内侧间距），门板缝隙均匀，侧板边部完全外露，尺寸精度要求最高。侧板边部颜色与门板颜色设计时应尽可能协调，否则会产生明显的差异，影响整体效果。

分析内藏门板结构，理论上可以得出：

门板宽度=柜体净宽/门板块数。

门板高度根据是否遮掩底板、顶板确定。

在实际制作过程中，门板上下左右都需要留有工艺缝隙，每条缝隙按照2mm计，则：

门板实际宽度=理论宽度−4mm。

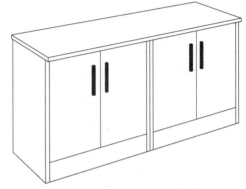

图1-48　内藏门板组合柜效果图

二、平开门的设计与应用

目前，板式家具以SQ浸渍纸饰面人造板为主要材料，封边材料大多采用PVC封边条。由于板面饰面材料和封边材料材质不同，表面质地、颜色、纹理均有差异性，所以定制家具行业广泛使用全盖门板设计，门板的缝隙小且均匀一致、可调节性小、加工精度要求高，门板平直方正、简洁大方、现代感强、整体效果好。

装饰行业以生态板为基材现场制作板式家具，由于加工精度较低、加工质量较差，往往使用半盖门板设计，因此门板的缝隙大、尺寸精度要求低、可调节性好。

实木定制家具由于门板材料、柜体材料相同，柜体侧板边部造型丰富，外露更能体现实木家具的造型与风格，所以实木定制家具大多采用内藏门板设计，门板的尺寸精度要求高、可调节性小。

门板是板式家具的正面部件，是板式家具造型设计的重要元素，其常见应用如下。

◆ 通过对侧板的遮掩造型：全盖门板门缝一致、简洁大方、整体感强；半盖门板门缝宽窄有序、不显单调；内藏门板侧板边缘外露，使家具挺拔安稳、层次分明。

🎓 **学习思考**

Q7. 画出图1-48内藏门板的侧视图。

Q8. 简述全盖门板、半盖门板、内藏门板尺寸加工精度的区别。

Q9. 从美学角度分析免拉手设计和极简拉手设计的优缺点。

◆ 通过门板颜色的变化造型：采用对比色、黑白灰配色等方法，改变门板单一呆板的效果。

◆ 通过封边颜色的变化造型：追求统一性，一般采用同色封边；追求变化与对比，可以采用异色封边、金属色边、双色边作配色处理，门板轮廓清晰、层次分明。

◆ 通过门板表面的线形图案、门板的边部形状造型：这类门板主要用于烤漆门板、吸塑门板等，门板图案丰富、风格迥异、选择多样。

◆ 通过拉手造型：明拉手、暗拉手、免拉手、极简拉手等不同风格拉手的选择与使用，营造出不同的风格。

◆ 通过拉手造型：明拉手、暗拉手、免拉手、极简拉手等不同风格拉手的选择与使用，营造出不同的风格。

◆ 通过改变门板的形状造型：矩形门板应用最为广泛，也可以根据造型需要改变门板形状，如梯形门、异形门板、三角形门板、圆角门板等。

◆ 通过门板遮掩柜体的面积造型：门板可以全部遮掩柜体正面，也可以局部遮掩，形成开放与封闭、虚与实的对比效果。

◆ 通过门板材质的变化造型：如铝框门、铝框玻璃门等不同的材质对比，呈现不同的视觉效果。

图1-49为常用的平开门造型设计的应用。

（a）造型门与免拉手

（b）平开门与极简拉手

图1-49　平开门造型设计

▌任务实施

完成该任务，建议按照以下步骤实施。

步骤一：认知铰链。铰链是连接门板与侧板的专用五金件，不同的门板形式选用不同的铰链，两者是一一对应的关系。认识铰链，弄清楚各种铰链的特点，掌握门板实际尺寸的缩减规律，这些对于门板尺寸的正确拆单是十分重要的。

步骤二：门板与侧板的位置关系模拟。找两块300mm×200mm×18mm的板块，一块当作侧板，一块当作门板，模拟全盖、半盖、内藏三种位置关系，有条件的学校可以用铰链制作相应的教具，具有更直观的效果。

步骤三：绘图训练。了解门板与侧板的位置与结构关系后，用三视图正确表现出来，这样对于门板的识图与拆单会有较大的帮助。

步骤四：拆单训练。识读图1-44，完成侧板、顶板、底板、包脚、门板的拆单。

归纳总结

❶ 知识梳理：该任务包含的主要知识如下。

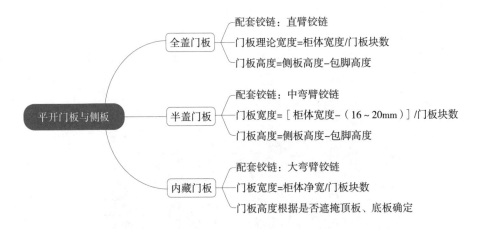

平开门板与侧板

全盖门板
- 配套铰链：直臂铰链
- 门板理论宽度=柜体宽度/门板块数
- 门板高度=侧板高度-包脚高度

半盖门板
- 配套铰链：中弯臂铰链
- 门板宽度=［柜体宽度-（16~20mm）］/门板块数
- 门板高度=侧板高度-包脚高度

内藏门板
- 配套铰链：大弯臂铰链
- 门板宽度=柜体净宽/门板块数
- 门板高度根据是否遮掩顶板、底板确定

❷ 任务总结：通过该任务的实施，完成图1-44家具部分板块的拆单，并填写表1-8。

表1-8　图1-44家具部分板块拆单

拆单产品	序号	部件名称	部件规格	数量	与侧板的位置与结构关系
图1-44（a）家具	1	侧板			
	2	顶板			
	3	底板			
	4	包脚			
	5	门板			
图1-44（b）家具	1	侧板			
	2	顶板			
	3	底板			
	4	包脚			
	5	门板			
图1-44（c）家具	1	侧板			
	2	顶板			
	3	底板			
	4	包脚			
	5	门板			

拓展提高

一、平开门铰链的选择与应用

铰链是板式家具门板与侧板连接的核心五金件，它由铰链杯、铰链臂、底座、阻尼等部分组成，如图1-50所示。

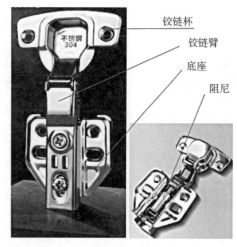

铰链杯

铰链臂

底座

阻尼

图1-50　铰链

铰链杯安装在门板上，底座固定在侧板上，通过铰链臂把两者连接起来。铰链臂内有闭合弹簧，提供门板闭合的力量。为避免门板闭合时产生较大的撞击，阻尼通过反作用力起到延缓闭合的效果，使门板闭合静谧无声。

铰链底座有两孔、四孔之分，纵向孔间距为32mm，满足32mm系统快装铰链的要求。底座上有调节螺钉，可以实现三个维度的调节，如图1-51所示。

铰链按照有无阻尼，分为普通铰链和阻尼铰链。阻尼铰链按照阻尼的位置又可分为外置、内置两种，如图1-52所示。

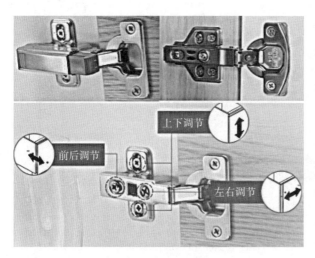

上下调节

前后调节

左右调节

图1-51　弹簧铰链的调节

图1-52　阻尼铰链

学习思考

Q10. 拆单应遵循的一般顺序是什么？

Q11. 简述铰链底座、铰链杯、铰链臂、阻尼的作用。

Q12. 图1-52中哪一种是外置阻尼？哪一种是内置阻尼？

铰链的开孔与安装尺寸如图1-53所示。铰链臂与底座的连接分为固定装配和快速装配两种，固定装配采用紧固螺钉连接，快速装配采用卡装式连接，便于快速拆卸。如图1-54所示，左边为固定装配式，右边为快速装配式。

铰链杯：
- 适合门板厚度15～22mm
- 杯孔尺寸φ35mm×12mm
- 杯孔中心距门板边缘21.5mm

底座：
- 系统孔φ5mm×9mm
- 孔间距32mm
- 系统孔到侧板边缘距离（37+X）mm（外盖门$X=0$，内藏门$X=$门板厚度）

图1-53　铰链的开孔与安装尺寸

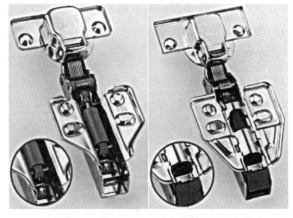

图1-54　铰链臂与底座的两种连接形式

铰链的开启角度除了常规的95°，100°，110°外，还有30°，45°，90°，135°，165°，175°，-45°，-30°等。常用特殊角度铰链如图1-55所示。

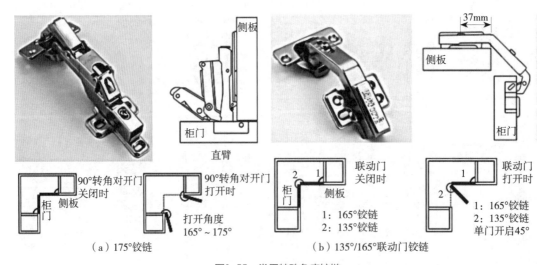

图1-55　常用特殊角度铰链

🎓 **学习思考**

Q13. 徒手绘图表现铰链安装在门板、侧板上的钻孔图。

Q14. 使用快装铰链有什么好处？

Q15. 分析图1-55中L型转角柜如果使用95°铰链有什么缺点？

二、翻门的设计与应用

翻门是板式家具常用的一种门板开启方式，按照开启的方向可以分为上翻门、下翻门两种。上翻门类似于平开门，也可以分为外盖和内藏两种。

图1-56为外盖上翻门示意图，门板全盖侧板，与顶板采用外盖铰链连接（全盖、半盖），配以随意停配件或液压支撑，左边为铰链+随意停，右边为铰链+液压支撑。和上翻门相反，把随意停和液压支撑反过来安装，就可以作为下翻门使用，如图1-57所示。

上翻门、下翻门铰链的安装与前面所讲的平开门完全一样。由于生产厂家不同，随意停、液压支撑的安装参数有较大的差异性。

▌ 巩固练习

图1-58为上翻门吊柜三视图，画出其侧向剖视图，并完成该产品侧板、顶板、底板、门板等部件的拆单，填写到表1-9中。

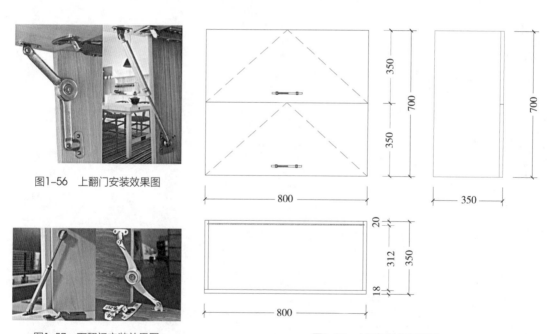

图1-56 上翻门安装效果图

图1-57 下翻门安装效果图

图1-58 上翻门吊柜三视图

🎓 学习思考

Q16. 吊柜设计上翻门有什么好处？

Q17. 什么情况下使用下翻门设计？

Q18. 图1-58的吊柜一共有几个板块？

表1-9   图1-58上翻门吊柜部分部件拆单

序号	部件名称	部件规格	数量	与侧板的位置与结构关系
1	侧板			
2	顶板			
3	底板			
4	门板			

任务5　层板、背板与侧板的位置及结构分析

📋 任务描述：层板、背板的结构与拆单

根据给定的设计图纸（图1-59），分析层板、背板与侧板的位置与结构关系，计算层板、背板的尺寸，并总结一般规律。

任务分析

图1-59给定的地柜涉及固定层板、活动层板、背板等常见的结构。通过识图，掌握层板、背板与侧板的常用位置与结构关系，具有准确计算层板、背板尺寸的能力。完成该任务应具备以下知识与技能。

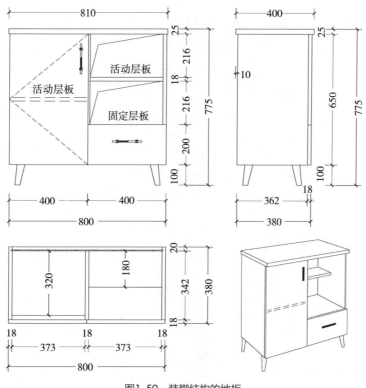

图1-59　装脚结构的地柜

🎓 学习思考

Q1. 简述图1-59中顶板、底板与侧板的位置与结构关系。

▍知识目标

❶ 掌握层板、背板与侧板的常用位置与结构关系。

❷ 掌握背板与侧板常用位置与结构关系绘图表现的相关知识。

▍技能目标

❶ 具有正确分析板式家具层板、背板与侧板的位置与结构关系并完成部件拆单的能力。

❷ 具有正确设计板式家具层板、背板与侧板结构的能力。

🖳 知识与技能

一、层板与侧板的结构与拆单

在板式家具结构中，层板始终位于侧板中部，完成柜体高度方向的分割，所以层板与侧板的位置关系只能是侧板夹层板。层板按照活动性分为固定层板和活动层板。

❶ 固定层板

固定层板是指层板与侧板采用三合一等连接件连接，层板位置固定不可调节，正面一般与侧板平齐，固定层板尺寸的计算如图1-60所示。

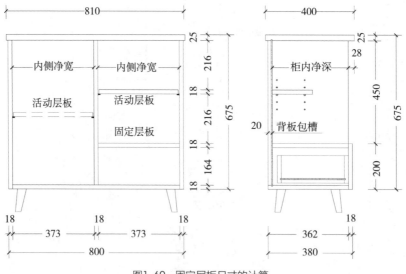

图1-60　固定层板尺寸的计算

🎓 **学习思考**

Q2. 图1-60中底板与侧板是什么位置关系？

Q3. 层板的块数与分割的档数有什么关系？

固定层板宽度=柜体净宽（左右侧板内侧间距）。

固定层板深度=柜体净深（侧板正面边缘至背板内侧间距）=侧板深度-背板包槽尺寸。

在板式家具层板的设计与应用中，上下门板交界处、门板与斗面的交界处一般设计为固定层板。柜体高度空间较大时，为提高柜体的稳定性，也通常会在中间位置设置固定层板，如图1-61所示。

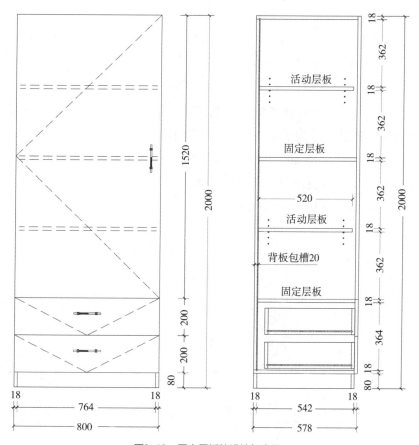

图1-61　固定层板的设计与应用

❷ 活动层板

活动层板是指可以从柜体中取出并借助层板托调节高度的板块。活动层板为保证可取、可调性，其宽度应略小于柜内净宽，通常缩减3～6mm（根据层板托的结构而定）；层板深度也较侧板正面内缩10～20mm后取整数。

活动层板宽度=固定层板宽度-（3～6mm）。

活动层板深度（取整数）=固定层板深度-（10～20mm）。

📖 **学习思考**

Q4. 计算图1-61中层板的尺寸。

在板式家具层板的设计与应用中，活动层板一般用于顶板、固定层板及底板所夹中间位置的高度分割，上下按照32mm系统配置系统孔，可以调节高度。

二、背板与侧板的结构与拆单

在板式家具结构中，背板可以分为软背板和硬背板两种。

❶ 软背板

软背板是指以薄板为基材的背板，通常选择3mm或5mm厚的薄板，仅起到封闭柜体后部的作用。软背板与侧板可以采用进槽结构嵌入式安装和开缺结构胶钉接合安装两种形式，如图1-62所示。

图1-62（a）中，侧视图可以看到顶底板开槽嵌装背板，俯视图可以看出左右侧板也是开槽嵌装背板，即得出左右侧板、顶底板四方进槽嵌装背板。四方进槽的背板必须在柜体拼装时装入。

背板进槽深度一般取5~10mm，不超过板厚的二分之一，为方便计算通常取5mm。

背板宽度=柜体净宽（左右侧板内侧间距）+10mm。

背板高度=柜体净高（顶底板内侧间距）+10mm。

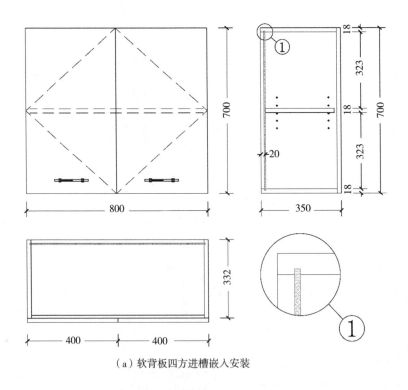

（a）软背板四方进槽嵌入安装

🎓**学习思考**

Q5. 图1-62（a）中背板的包槽尺寸为多少？

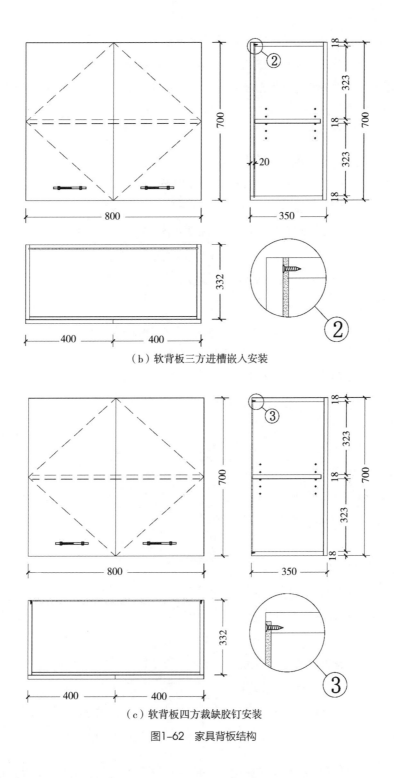

（b）软背板三方进槽嵌入安装

（c）软背板四方裁缺胶钉安装

图1-62　家具背板结构

🎓 **学习思考**

Q6. 图1-62（b）中背板槽距边部尺寸是多少？

图1-62（b）中，侧视图可以看到底板开槽嵌装背板，顶板采用背板包顶板后钉接合安装，俯视图可以看出左右侧板开槽嵌装背板，即得出左右侧板、底板三方进槽嵌装背板，顶板则是背板包顶板。三方进槽的好处是背板可以在柜体拼装完成后再从顶部插入安装，顶部采用螺钉固定，背板稳定性较好。一般情况下，吊柜可以采用左右侧板、底板三方进槽，地柜可以采用左右侧板、顶板三方进槽。

三方进槽背板的计算和四方进槽相似，其中：

背板宽度=柜体净宽（左右侧板内侧间距）+10mm。

背板高度=柜体净高（顶底板内侧间距）+5mm（底板进槽量）+顶板厚度（背板包顶板）。

图1-62（c）中，侧视图可以看到顶底板裁缺后钉装背板，俯视图可以看出左右侧板也是裁缺后钉装背板，即得出左右侧板、顶底板四方裁缺安装背板。

背板采用开缺安装时，裁缺深度为背板厚度，裁缺宽度≥二分之一板厚，一般取10mm。同进槽安装相似，可以三方裁缺或四方裁缺。

四方裁缺时，背板尺寸为：

背板宽度=柜体净宽（左右侧板内侧间距）+20mm。

背板高度=柜体净高（顶底板内侧间距）+20mm。

三方裁缺时，背板尺寸为：

背板宽度=柜体净宽（左右侧板内侧间距）+20mm。

背板高度=柜体净高（顶底板内侧间距）+10mm（顶板裁缺）+底板厚度（背板包底板）。

在定制家具背板结构的设计与应用中，考虑到背板安装的方便性，软背板通常设计为四方进槽嵌入安装结构，背板进槽深度按5mm设计。

在柜体设计时，背板的总宽度不超过1200mm，总高度不超过2400mm，即背板的最大幅面不超过1220mm×2440mm。图1-63的衣柜设计的背板宽度超过1200mm，

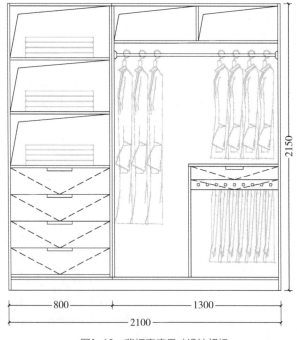

图1-63　背板宽度尺寸设计超标

🎓 **学习思考**

Q7. 图1-62（c）中，顶底板裁缺深度是多少？

Q8. 计算图1-62中三种背板的尺寸。

这就需要采用其他工艺处理，增大了工艺难度，是不可取的。

❷　硬背板

硬背板是指采用与柜体板等厚或相近厚度的板作为背板材料，厚度一般为15，16，18mm。背板与侧板、顶板、底板采用插入榫（圆棒榫、多米诺榫、拉米诺榫等）或三合一连接。

硬背板与侧板可以采用背板盖侧板、侧板夹背板两种结构形式，如图1-64所示。

在板式家具背板结构设计中，当背板作为看板（即看面，如玄关柜背板、办公桌背板等）或起结构稳定及支撑作用时（如隔断柜背板），设计为硬背板。如图1-65所示，玄关柜采用硬背板，起到稳定结构的作用，同时，背面作为看面，起到装饰作用。而一般靠墙面不可见的家具背板均设计为软背板。

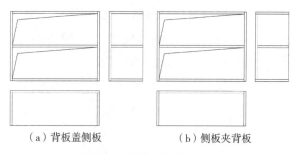

（a）背板盖侧板　　　　　（b）侧板夹背板

图1-64　硬背板的结构形式

任务实施

该任务的难点主要表现在以下两个方面。

❶　活动层板、固定层板的应用，即什么情况下设计活动层板或固定层板。

❷　背板的结构中，软背板四方进槽嵌装结构应用广泛，如何计算背板尺寸是学习的重点和难点。

为有效完成该任务，建议按照以下步骤实施。

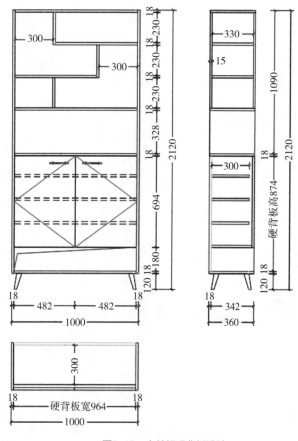

图1-65　玄关柜硬背板设计

🎓 **学习思考**

Q9. 背板的尺寸设计应满足什么要求？

Q10. 图1-64中硬背板的尺寸与柜体尺寸是什么关系？

Q11. 计算图1-65中硬背板的尺寸。

步骤一：通过实物展示或建模演示，直观感受产品形态，特别是柜体构成，如图1-66所示，掌握层板、背板的结构设计及应用。

步骤二：分组研学活动层板、固定层板与侧板的位置关系，总结层板尺寸计算、层板结构设计的一般规律。

步骤三：分组研学软背板、硬背板与侧板的位置关系，总结背板尺寸计算、背板结构设计的一般规律。

步骤四：根据设计图纸，完成给定产品的部件拆单，包括侧板、顶板、层板、底板、门板、包脚、背板等部件。

图1-66　柜体结构模型

▍归纳总结

❶ 知识梳理：该任务包含的主要知识如下。

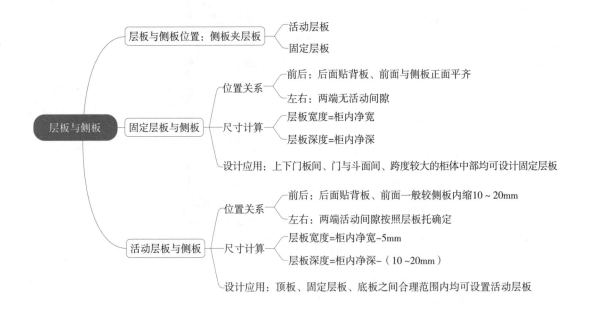

🎓学习思考

Q12. 图1-65中一共有几块层板？几块背板？计算层板、背板的尺寸。

Q13. 图1-66中，如何区别固定层板和活动层板？

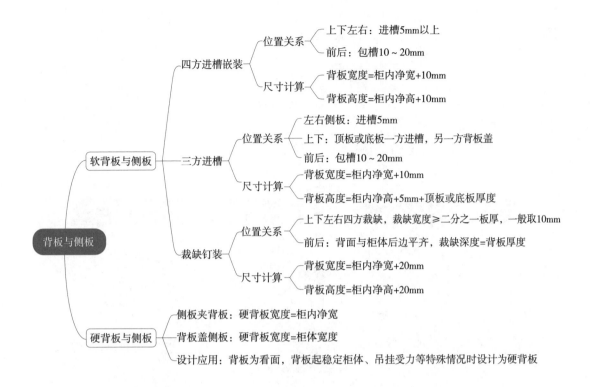

2 任务总结：通过该任务的实施，完成图1-59的家具部件拆单及表1-10和表1-11的填写。

表1-10 图1-59家具部件尺寸拆单

序号	部件名称	部件规格	数量	与侧板的位置关系或开槽工艺
1	左右侧板			后侧开槽、包槽20mm、槽深5mm
2	中立板			
3	顶板			
4	左边活动层板			
5	右边活动层板			
6	右边固定层板			
7	底板			
8	包脚			
9	门板			
10	斗面			
11	背板			

表1-11 层板、背板设计应用

序号	部件名称	与侧板的位置关系	设计应用
1	活动层板		
2	固定层板		
3	四方进槽软背板		
4	硬背板		

✦ 拓展提高

一、十字和 X 字形式的层板结构

板式家具设计中，十字和X字等特殊形式的层板该如何设计和处理呢？

❶ 十字形式的层板结构

十字形式的层板结构如表1-12所示。

表1-12   十字形式的层板结构

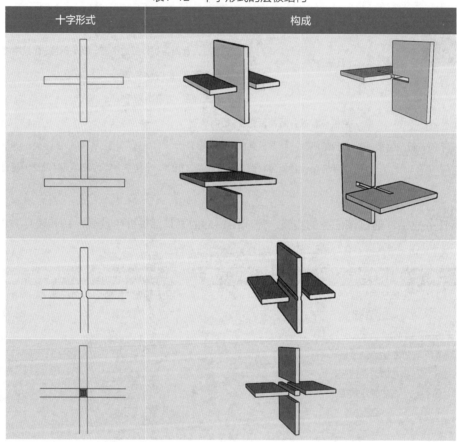

❷ X字形式的层板结构

X字形式的层板结构一般采用对开缺形式，如图1-67所示。

🎓 学习思考

Q14. 画出表1-12所示的十字层板结构的三视图。

Q15. 画出图1-67所示的X字层板结构的三视图。

二、背板的加宽与加长连接

在板式家具设计中，有时为了满足节约材料、包装运输等条件，需要将背板分段处理、加宽处理、接长处理。遇到这种情况，可以通过设计背撑条、背板含筒等方式来实现。

图1-68为背撑条结构设计，既可用于柜体高度方向（撑条连接左右侧板），也可用于宽度方向（撑条连接顶底板）。撑条与左右侧板或顶底板用连接件或圆棒榫连接。背撑条既起到了稳定柜体结构的作用，也实现了背板的分段处理。

图1-69为背板的含筒结构，含筒与撑条的区别在于含筒的厚度较薄，大约为背板厚度的2～3倍。含筒不与顶底板或左右侧板连接，而是与背板用胶和进槽方式拼接，从而实现背板的加宽、加高处理。

▌ **巩固练习**

根据所提供的某产品效果图（图1-70），画出该产品三视图并完成其部件拆单。柜体板厚18mm，背板厚5mm，背板四方进槽，包槽20mm。

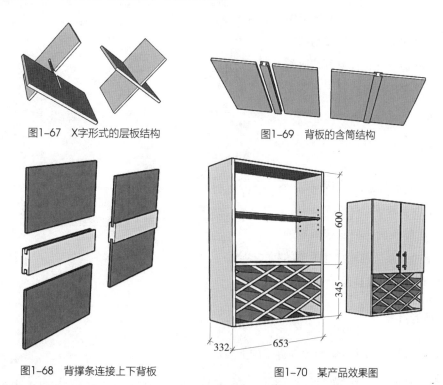

图1-67　X字形式的层板结构　　　　图1-69　背板的含筒结构

图1-68　背撑条连接上下背板　　　　图1-70　某产品效果图

🎓**学习思考**

Q16. 撑条和含筒相比有哪些优点？

Q17. 撑条和含筒的尺寸一般设计为多少？

Q18. 图1-70中顶板、底板与侧板是什么位置关系？

任务6 抽屉与侧板的结构与拆单

任务描述：抽屉的结构与拆单

图1-71为地柜的三视图及效果图，分析斗面、抽屉与侧板的位置与结构关系，并完成抽屉部件的拆单。

任务分析

该任务是以一个标准的厨柜中的地柜为例，分析木质抽屉的构成、斗面及抽屉与侧板的位置与结构关系。要求掌握木质抽屉的结构与拆单，具备设计板式家具抽屉柜的技能。完成该任务应具有以下知识与技能。

知识目标

❶ 掌握木质抽屉的构成及结构方面的专业知识。

❷ 掌握斗面、抽屉与侧板的位置与结构关系及抽屉尺寸拆单的相关知识。

❸ 掌握抽屉设计绘图表现的相关知识。

技能目标

❶ 具有抽屉结构分解与部件拆单的能力。

❷ 具有设计板式家具抽屉的能力。

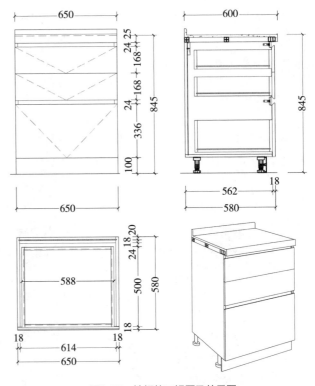

图1-71　地柜的三视图及效果图

学习思考

Q1. 图1-71柜体的净宽为多少？

Q2. 图1-71柜体的净深为多少？

❸ 具有绘制抽屉三视图的能力。

📖 知识与技能

板式家具的抽屉按照侧板材料的不同，可以分为木质抽屉和钢板抽屉。

一、木质抽屉的结构与拆单

木质抽屉造价便宜，在板式家具设计中应用最为广泛。图1-72为木质抽屉的一般构成，它由斗面、斗旁、斗尾、斗底等板块组成。

木质抽屉一般采用与柜体相同的材料制成，斗旁、斗尾厚度一般为15，16，18mm三种规格。斗底根据抽屉的大小及承重情况，分为薄板斗底和硬板斗底（斗底板厚与斗旁相同）。小型抽屉及承重较轻时一般采用薄板作为斗底（通常厚度为5mm），大型及承重抽屉建议采用硬板斗底。

木质抽屉的结构按照斗尾数量的不同，可以分为前后斗尾结构与后斗尾结构，如图1-73（a）、（b）所示，其中前后斗尾结构的抽屉应用最为广泛。

图1-73（a）为前后斗尾木质抽屉结构图，其一般构造为：斗旁夹斗尾（前后）、斗底四方进槽，斗面与前斗尾相连。

图1-73（b）为后斗尾木质抽屉结构图，其一般构造为：斗旁夹斗尾、斗面包斗旁、斗底四方进槽。

图1-73（c）为前后斗尾硬板斗底木质

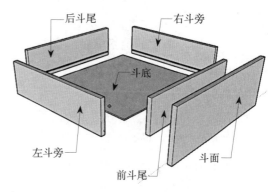

图1-72　木质抽屉的构成

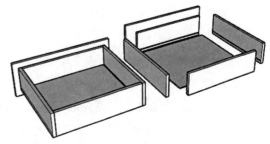

（a）前后斗尾结构

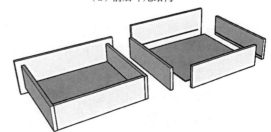

（b）后斗尾结构

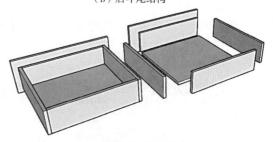

（c）硬板斗底结构

图1-73　木质抽屉的结构

🎓 学习思考

Q3. 一个前后斗尾的木质抽屉包括几个部件？

Q4. 后斗尾结构的木质抽屉有几个部件？

抽屉结构图，其一般构造为斗旁夹斗尾，斗旁、斗尾夹斗底。

木质抽屉与柜体的关系如图1-74所示，抽屉通过滑轨与柜体侧板连接，抽屉的高度低于斗面高度。斗面与侧板的关系类似于门板与侧板，也分为外盖斗面（半盖、全盖）和内藏斗面两种。

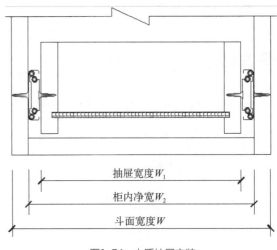

图1-74　木质抽屉安装

木质抽屉的拆单可分以下两步完成。

第一步：根据柜体尺寸确定抽屉尺寸，图1-74为木质抽屉安装图，抽屉滑轨可以采用托底滚轮抽轨、钢珠三节（或二节）抽轨。识图可得到：

抽屉宽度=柜体内侧净宽-轨道安装厚度×2。

常用轨道安装厚度为：30kg钢珠轨道12.7mm，50kg钢珠轨道17.5mm，二节钢珠轨道10.0mm，普通托底滚轮轨道12.7mm，隐藏抽屉轨道5.0mm。

抽屉深度小于柜桶净深，大于滑轨的长度，一般取10mm的整数倍值。轨道的长度按照小于柜桶净深选择，常用轨道长度为250，300，350，400，450，500，550mm等。

抽屉高度参照斗面高度确定，一般按斗面高度减50mm左右。

根据上述规则，确定图1-71的木质抽屉的尺寸为：

抽屉宽度=614mm-26mm=588mm。

抽屉深度=500mm（滑轨取450mm）。

抽屉高度=150mm。

第二步：根据抽屉结构及尺寸确定部件尺寸，即计算斗旁、斗尾、斗底的尺寸。图1-71的抽屉为前后斗尾结构，斗底为5mm厚的薄板，四方进槽安装，该抽屉的拆单见表1-13。

表1-13　图1-71的抽屉拆单

序号	部件名称	部件规格	数量	工艺说明
1	斗面			
2	斗旁			

📖 学习思考

Q5. 木质抽屉的高度如何确定？

Q6. 斗底三方进槽安装时，如何计算斗底尺寸？

续表

序号	部件名称	部件规格	数量	工艺说明
3	斗尾			
4	斗底			

二、钢板抽屉的结构与拆单

钢板抽屉是指斗旁采用钢板，经折弯、喷涂、加工而成的定型产品，按照钢板结构的不同，分为单层钢板抽屉和双层钢板抽屉。

图1-75为单层钢板抽屉，斗旁为钢侧板，采用前接码与斗面连接，可以实现上下左右位置的调节，斗底、后斗尾与斗旁均采用螺钉连接，斗底为厚板。

钢侧板高度分为86，118，150mm三种；长度分为250，270，300，350，400，450，500，550mm等。

图1-75　单层钢板抽屉

图1-76为单层钢板抽屉安装示意图，斗底、斗尾采用硬板（厚板）制作，其部件拆单如下。

斗底宽度=柜体净宽-30mm（钢侧板厚度15mm）。

斗底深度=钢侧板长度-斗尾板厚。

斗尾宽度=斗底宽度。

斗尾高度≤钢侧板高度。

双层高侧板抽屉（俗称骑马抽）分为薄型、豪华型两种。

图1-77为薄型骑马抽，侧板厚度为

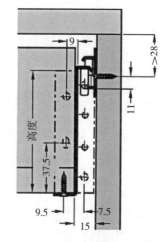

图1-76　单层钢板抽屉安装示意图

13mm；高度为88，120，152，184mm等；长度为300，350，400，450，500mm等。

图1-78为薄型骑马抽安装图，斗尾、斗底、斗面依然选用木质人造板材制作，均采用16mm厚的硬板。该骑马抽的部件拆单如下。

🎓 **学习思考**

Q7. 一个单层钢板抽屉有几个木质部件？

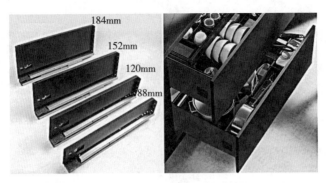

图1-77　双层超薄型钢板抽屉（骑马抽）

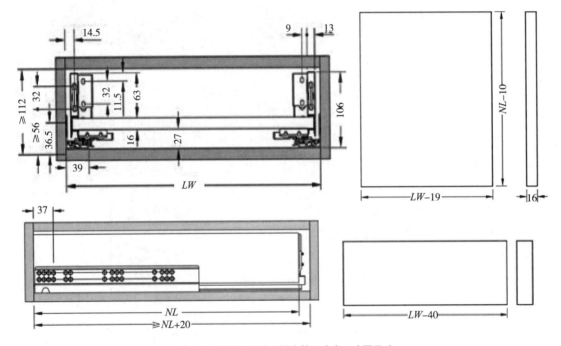

图1-78　超薄双层骑马抽安装及斗底、斗尾尺寸

斗底宽度=*LW*（抽屉柜内净宽）-19mm（板厚16mm）。

斗底深度=钢侧板长度-10mm。

斗尾宽度=*LW*（抽屉柜内净宽）-40mm（板厚16mm）。

斗尾高度=钢侧板高度-26mm。

🎓学习思考

Q8. 双层钢板抽屉和木质抽屉相比，有哪些优点？

Q9. 抽屉柜桶净宽500mm，净深550mm，采用薄型双层120mm高度的钢板抽屉，应选择的钢侧
板抽屉长度是多少？并计算抽屉的斗底、斗尾尺寸。

图1-79为侧板高度86mm的豪华骑马抽，图1-80为其安装示意图。斗尾、斗底、斗面依然选用16mm的木质人造板材制作，常用长度为270，300，350，400，450，500mm等；高度为86，161，199mm等。其部件拆单规律如下。

斗尾宽度=抽屉柜内净宽-84mm。

层板高度/斗尾高度：86mm/70mm，161mm/145mm，199mm/182mm（品牌不同，尺寸有差异）。

斗底宽度=抽屉柜内净宽-75mm。

斗底深度=钢侧板长度-10mm。

▍任务实施

该任务的实施有一定的难度，抽屉作为一个部件，本身就包含斗面、斗旁、斗尾、斗底等板块，所以完成该任务需

图1-79　豪华弧形双层钢板骑马抽

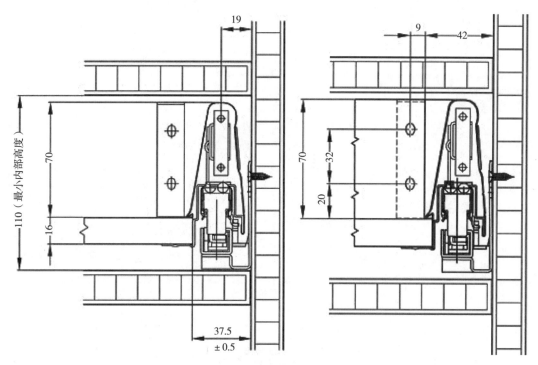

图1-80　侧板高86mm双层弧形骑马抽安装示意图

📖 学习思考

Q10. 双层钢板抽屉的斗底、斗尾应使用厚度为多少的板材？

Q11. 抽屉柜桶净宽500mm，净深550mm，采用弧型双层86mm高度的钢板抽屉，应选择钢侧板抽屉的长度是多少？并计算抽屉的斗底、斗尾尺寸。

从以下几个步骤实施。

步骤一：了解木质抽屉、钢板抽屉的结构，这一步可以通过实物的观察与测量完成。掌握滑轨的尺寸与安装，正确确定抽屉的尺寸。抽屉深度、高度不是唯一的，只要合理就可以。

步骤二：在确定抽屉结构、抽屉尺寸后，才能准确完成板块的分析与拆单。

▌归纳总结

❶ 知识梳理：该任务包含的主要知识如下。

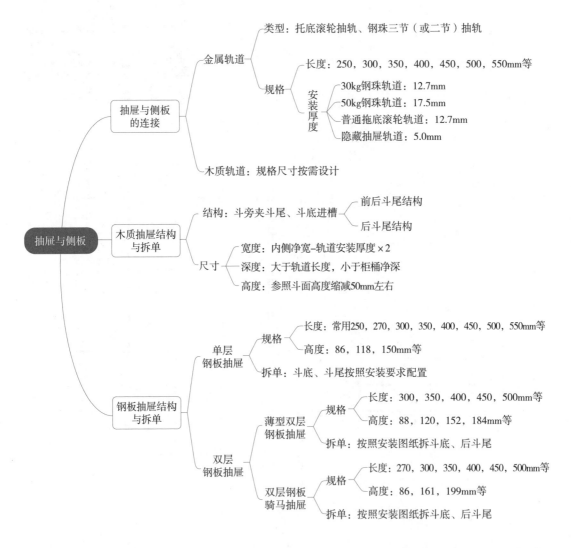

❷ 任务总结：通过该任务的实施，完成图1-71抽屉柜的拆单，填入表1-14中。

🎓 **学习思考**

Q12. 豪华骑马抽斗面高度的设计有什么要求？

表1-14　图1-71抽屉柜部件拆单

序号	部件名称	部件规格	数量	与侧板位置关系及工艺说明
1	侧板			
2	底板			
3	后撑条			
4	背板			
5	斗面			
6	斗旁			
7	斗尾			
8	斗底			

✛ 拓展提高

一、反弹抽屉

反弹抽屉是抽屉免拉设计的一种形式。开启反弹抽屉时，只需用身体某部位触碰抽屉面板即可。反弹抽屉需使用专用的反弹抽屉轨道。反弹抽屉轨道是轨道尾部内置双弹簧反弹器的导轨，如图1-81所示。当轻轻按压斗面时，反弹器发生作用，将抽屉自动弹开。安装反弹滑轨后，可以免装拉手，如图1-82所示。

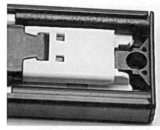 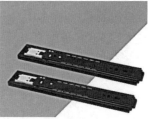

（a）双弹簧反弹器　　　　（b）反弹滑轨

图1-81　双弹簧反弹钢珠导轨

❶ 反弹钢珠滑轨

反弹钢珠滑轨与普通钢珠滑轨的安装及尺寸一样，滑轨厚度为12.7mm，常用长度规格有200，250，300，350，400，450，500mm等。

反弹钢珠滑轨适用于斗面内藏式安装的抽屉，用于斗面外盖式抽屉时，斗面与侧板需预留6mm的按压缝隙，如图1-83所示。

免拉手
按弹即开

图1-82　内藏式斗面免拉手反弹抽屉

抽屉关闭时，抽屉面板与柜体之间预留6mm的按压间隙

图1-83　外盖式斗面免拉手反弹抽屉

🎓 学习思考

Q13. 反弹抽屉为何使用双弹簧反弹器？

Q14. 反弹抽屉用于外盖斗面安装时，为什么要预留6mm的缝隙？

❷ 轨道阻尼器

轨道阻尼是防止抽屉闭合时力量过大过猛，导致斗面撞击柜体发出碰撞声或夹手而设计的阻尼系统。骑马抽均配有内置阻尼器，如图1-84所示。

图1-85为钢珠轨道内置反弹器滑轨，和骑马抽阻尼器功能一样，抽屉会缓慢闭合，防止产生碰撞及夹手。

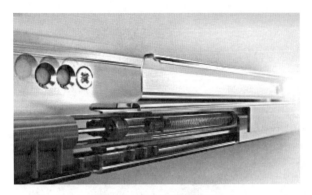

图1-84　骑马抽内置阻尼器　　　　　　　　图1-85　内置反弹器钢珠滑轨

二、隐藏抽屉滑轨的应用

隐藏抽屉滑轨是轨道安装在抽屉底板下方的一种滑轨形式，正常视角下不可见，俗称隐藏抽，如图1-86所示。

图1-86　隐藏抽屉滑轨

图1-87为隐藏抽的安装示意图，抽屉部件的计算方法如下。

抽屉宽度=抽屉柜内净宽-8mm。

🎓学习思考

Q15. 抽屉轨道阻尼器能反弹开启抽屉吗？

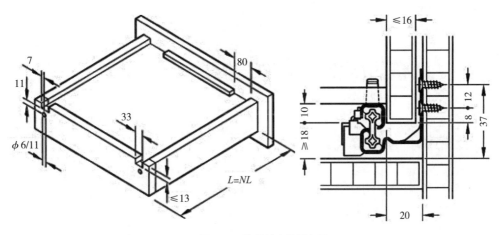

图1-87　隐藏抽安装示意图

抽屉高度=斗面高度-60mm左右。

抽屉深度=滑轨长度。

斗旁厚度≤16mm。

斗底厚度≥5mm。

斗底槽距边≤13mm。

结构为斗旁夹前后斗尾、斗底四方进槽。

▎巩固练习

将图1-71的抽屉改为薄型直边骑马抽，画出其三视图并完成抽屉柜的拆单，填写表1-15。

表1-15　图1-71抽屉改为薄型直边骑马抽后的部件拆单

序号	部件名称	部件规格	数量	工艺说明
1	侧板			
2	底板			
3	上撑条			
4	背板			
5	斗面			
6	斗尾			
7	斗底			

🎓学习思考

Q16．识读图1-87，隐藏抽的安装厚度（斗旁与柜体侧板之间的距离）为多少？

Q17．抽屉柜桶净宽500mm，净深550mm，采用隐藏滑轨木质抽屉，应选择的滑轨长度是多少？

任务 **7** 整体厨柜的结构与拆单

任务描述：厨柜的结构与拆单

图1-88为某厨柜设计图，根据图纸完成厨柜的拆单。

任务分析

该任务是基于板式家具结构拆单工作岗位的实操，是前面所学内容的综合，完成该任务应具备以下知识与技能。

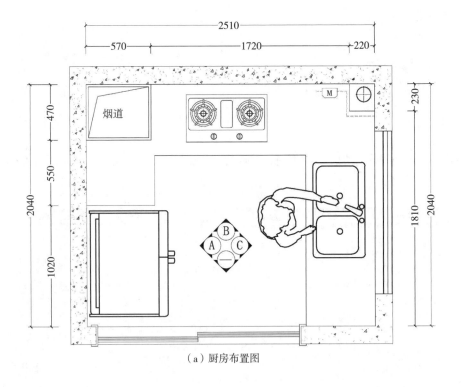

（a）厨房布置图

学习思考

Q1. 图1-88是什么形式的厨柜？

Q2. 图1-88所示厨柜的地柜含门深度是多少？

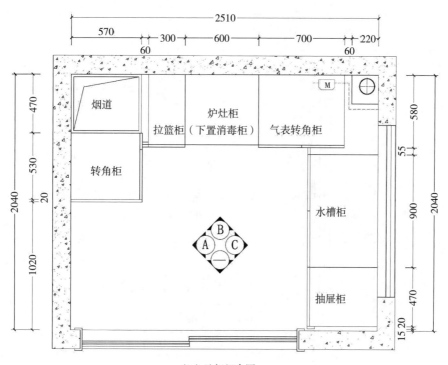

（b）地柜组合图

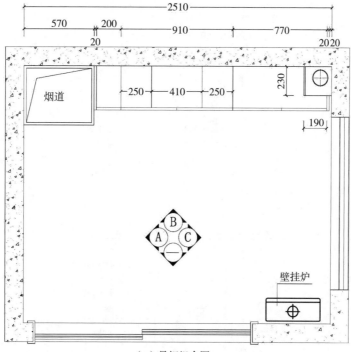

（c）吊柜组合图

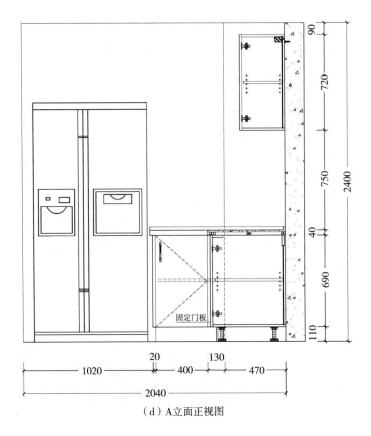

（d）A立面正视图

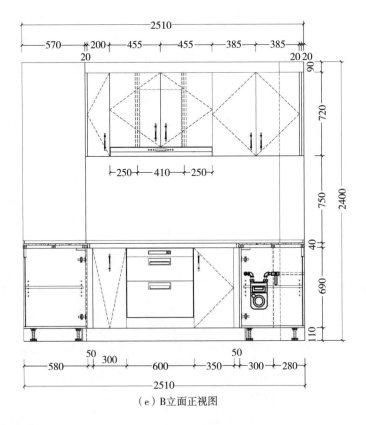

（e）B立面正视图

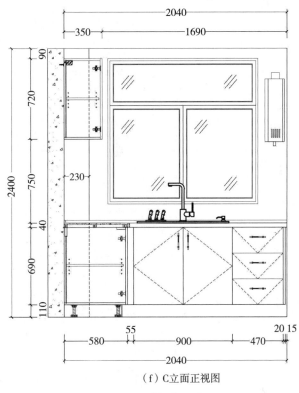

（f）C立面正视图

图1-88　某厨柜设计图

▎知识目标

❶ 掌握板式家具结构的相关知识，能熟练分析各板块与侧板的位置与结构关系。

❷ 具有厨柜结构方面的专业知识。

▎技能目标

❶ 具有一定的识图、绘图能力，能熟练完成厨柜三视图的识读和绘制。

❷ 具有板式家具结构分析与拆单的专业技能，能适应拆单岗位的工作要求。

📖 知识与技能

一、地柜的结构与拆单

一套整体厨柜，一般由地柜、吊柜、台面及高（或半高）立柜组成。台面是地柜的整体顶板，所以地柜均不再设计顶板，而是由撑条连接左右侧板。图1-89为厨柜的地柜结构图。

厨柜的地柜均为装脚结构，可以选择侧板夹底板、底板托侧板（平头）两种结构。由于加工误差，底板托侧板结构可能出现底板与侧板不平齐的情况，导致地柜拼装处出现缝隙，所以厨柜的地柜一般选用侧板夹底板、撑条、层板的结构，背板可以选择四方进槽、三方进槽、二方进槽三种形式。

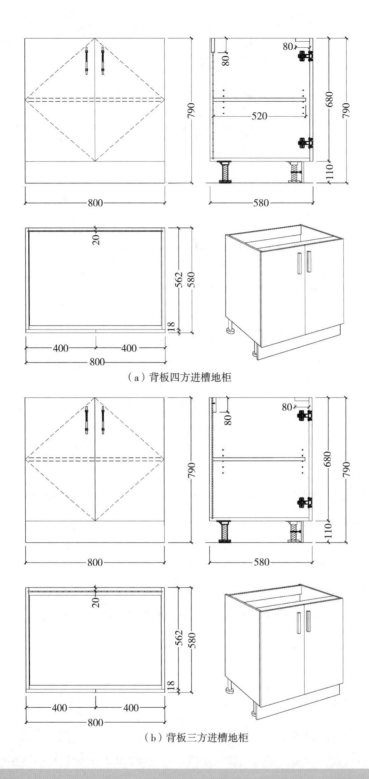

（a）背板四方进槽地柜

（b）背板三方进槽地柜

学习思考

Q3. 图1-89的地柜有几个撑条？分别起何作用？

Q4. 图1-89中侧板的高度如何计算？

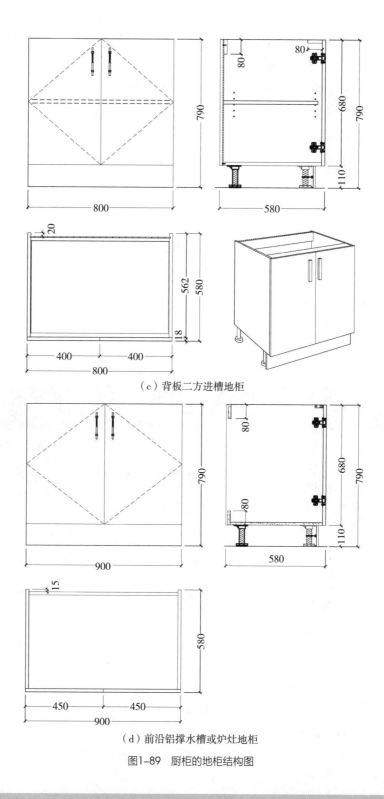

（c）背板二方进槽地柜

（d）前沿铝撑水槽或炉灶地柜

图1-89　厨柜的地柜结构图

🎓 **学习思考**

Q5. 图1-89中门板与侧板是什么位置关系？

图1-89（a）为背板四方进槽的地柜结构，地柜后撑条侧边开槽，后撑条立装、前撑条平装，撑条宽度一般为80~100mm。

图1-89（b）为背板三方进槽的地柜结构，左右侧板、底板进槽，背板包后撑条用螺钉固定，可以先拼装再装背板，柜体的稳定性较四方进槽柜体的稳定性更好。

图1-89（c）为背板二方进槽的地柜结构，左右侧板进槽，背板包底板、后撑条。和三方进槽地柜一样，先拼装柜体，再安装背板，背板与底板、后撑条均用螺钉固定，柜体稳定性好。

图1-89（d）为无背板前沿铝撑的地柜结构，一般用于水槽柜、炉灶柜，柜体上下安装背撑，起到稳定柜体的作用。如果选择有背板的结构，背板四方、三方、二方进槽均可。

图1-89（a）地柜的拆单，可以按以下步骤完成。

第一步：求柜体总尺寸，从图中得出地柜柜体的总尺寸为800mm×580mm×680mm（含门深度580mm）。

第二步：根据柜体结构即所有板块与侧板的位置关系，完成部件尺寸的计算，其中各个板块尺寸的计算方法如下，拆单见表1-16。

表1-16　图1-89（a）的地柜拆单

序号	部件名称	部件规格（理论）/mm	数量/块	材料	工艺说明
1	侧板	680×562×18	2	SQ饰面刨花板	包槽20mm、槽5mm×5mm
2	底板	764×562×18	1	SQ饰面刨花板	包槽20mm、槽5mm×5mm
3	前撑条	764×80×18	1	SQ饰面刨花板	平装
4	后撑条	764×80×18	1	SQ饰面刨花板	立装、侧边居中开槽5mm×8mm
5	层板	758×520×18	1	SQ饰面刨花板	活动层板
6	背板	774×595×5	1	SQ饰面密度板	四方进槽
7	门板	680×400×18	2	待定	全盖

侧板：柜体高度×柜体深度×板块厚度。

底板：（柜体宽度-左右侧板厚度）×侧板深度×板块厚度。

撑条：底板宽度×80mm×板块厚度。

层板：（底板宽度-左右活动间隙）×（侧板深度-背板包槽尺寸-内缩尺寸）×板块厚度，其中活动缝隙一般缩减5mm左右。

背板：（柜内净宽+左右侧板进槽量10mm）×（净高+底板进槽5mm+后撑条进槽8mm）×板块厚度。

净高：底板上表面至后撑条下面的高度。

二、吊柜的结构与拆单

厨柜的吊柜结构比较简单，如图1-90所示，常见结构有四方进槽、三方进槽两种。

图1-90（a）为常规四方进槽吊柜结构，侧板夹顶底板，背板四方进槽。图1-90（b）为三方进槽吊柜结构，侧板夹顶底板，背板、左右侧板、底板三方进槽，背板包顶板并与顶板采用螺钉固定，柜体稳定性好。吊柜采用先拼装再装背板的安装工艺。

图1-90（a）吊柜的拆单可以按以下步骤完成。

第一步：识图得出吊柜总尺寸为800mm×350mm×700mm（含门深度350mm）。

第二步：识读结构，该吊柜结构为侧板夹顶底层板、背板四方进槽、门板全盖。依次完成侧板、顶板、层板、底板、门板、背板等部件拆单。部件尺寸见表1-17。

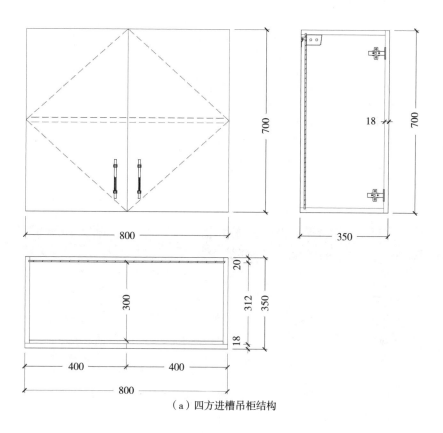

（a）四方进槽吊柜结构

⬥ **学习思考**

Q6. 图1-90中吊柜的净宽、净深、净高是多少？

Q7. 图1-90中门板与侧板是什么位置关系？

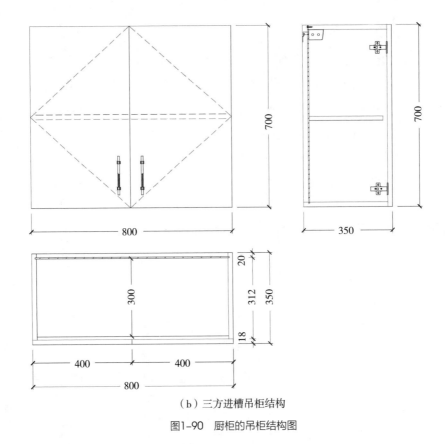

（b）三方进槽吊柜结构

图1-90　厨柜的吊柜结构图

表1-17　图1-90（a）的吊柜拆单

序号	部件名称	部件规格 （理论）/mm	数量/块	材料	工艺说明
1	侧板	700×332×18	2	SQ 饰面刨花板	包槽 20mm、槽 5mm×5mm
2	顶底板	764×332×18	2	SQ 饰面刨花板	包槽 20mm、槽 5mm×5mm
3	层板	760×300×18	1	SQ 饰面刨花板	活动层板
4	背板	774×674×5	1	SQ 饰面密度板	四方进槽 5mm
5	门板	700×400×18	2	待定	全盖

各个板块尺寸的计算方法如下。

侧板：柜体高度×柜体深度×侧板厚度。

顶底板：（柜体宽度-左右侧板厚度）×柜体深度（侧板深度）×板厚。

层板：（底板宽度-活动缝隙）×（底板深度-背板包槽-内缩尺寸）×板厚，活动缝隙一般缩减5mm左右。

背板：（底板宽度+左右侧板进槽10mm）×（净高+顶底板进槽10mm）×板厚。

净宽：左右侧板内侧宽度距离=柜体宽度-左右侧板厚度。

净高：顶底板内侧高度距离=柜体高度-顶底板厚度。

三、90°转角柜的结构与拆单

❶ 90°转角地柜

如图1-91所示,90°转角地柜由两个地柜组成,其中一个地柜设计固定门,两个地柜拼合处设计非拉。

非拉是避免转角处门板开启时发生干涉而设置的部件,同时起到尺寸调节的作用。非拉为正面可视部件,与门板材料相同,一般设计宽度为30~100mm。

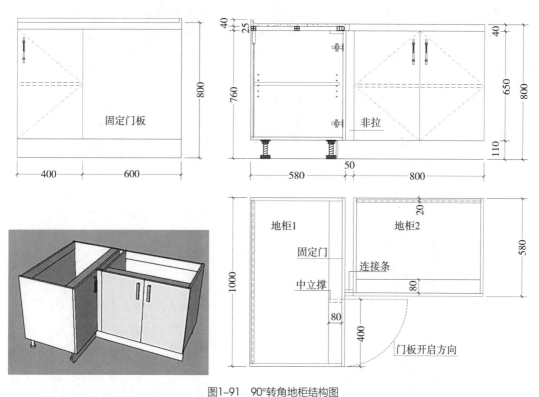

图1-91 90°转角地柜结构图

📖学习思考

Q8. 如果门板四周封2mm的厚边,每块门板缝隙上下左右均为2mm,计算门板的实际开料尺寸。

Q9. 图1-91所示的L型转角组合柜,重叠地柜的深度、宽度分别为多少(含非拉部分)?

Q10. 固定门处为何要设计中立撑(中脚)?

该产品的拆单分以下两步来完成。

第一步：识图得出两个地柜的总尺寸。

地柜1：1000mm×650mm×580mm（含门）。

地柜2：800mm×650mm×580mm（含门）。

第二步：识读柜体结构，该地柜结构为侧板夹撑条和底板，前撑条平装，后撑条立装，背板四方进槽，门板全盖。两个地柜采用连接条连接，连接条正面固定非拉。据此，从侧板开始，完成所有板块拆单，见表1-18。

表1-18　90°转角地柜拆单

拆单产品	序号	部件名称	部件规格（理论）/mm	数量/块	材料	工艺说明
地柜1	1	侧板	650×562×18	2	SQ 饰面刨花板	包槽 20mm、槽 5mm×5mm
	2	底板	964×562×18	1	SQ 饰面刨花板	包槽 20mm、槽 5mm×5mm
	3	前撑条	964×80×18	1	SQ 饰面刨花板	平装
	4	后撑条	964×80×18	1	SQ 饰面刨花板	立装、侧边居中开槽 5mm×8mm
	5	层板	964×520×18	1	SQ 饰面刨花板	固定层板
	6	背板	974×562×5	1	SQ 饰面高密板	四方进槽 5mm
	7	中立撑	614×80×18	1	SQ 饰面刨花板	前撑条和底板上下夹
	8	门板	650×400×18	1	待定	全盖
	9	固定门	650×600×18	1	待定	固定全盖
地柜2	1	侧板	650×562×18	2	SQ 饰面刨花板	开槽 5mm×5mm、包槽 20mm
	2	底板	764×562×18	1	SQ 饰面刨花板	开槽 5mm×5mm、包槽 20mm
	3	前撑条	764×80×18	1	SQ 饰面刨花板	平装
	4	后撑条	764×80×18	1	SQ 饰面刨花板	立装、侧边居中开槽 5mm×8mm
	5	层板	758×520×18	1	SQ 饰面刨花板	活动层板
	6	背板	774×562×5	1	SQ 饰面高密板	四方进槽 5mm
	7	门板	650×400×18	2	待定	全盖
连接	1	连接条	650×50×18	2	SQ 饰面刨花板	可备用 1～2 条
	2	非拉	650×50×18	1	待定	与门板同色同料

🎓 学习思考

Q11. 画出地柜背板四方进槽的安装尺寸图。

❷ 90°转角吊柜

90°转角吊柜的设计如图1–92所示。由于吊柜底部可见，拼合处应不留间隙，用底封板封闭，固定门板+非拉双向调节，避免门板开启时相互干涉。

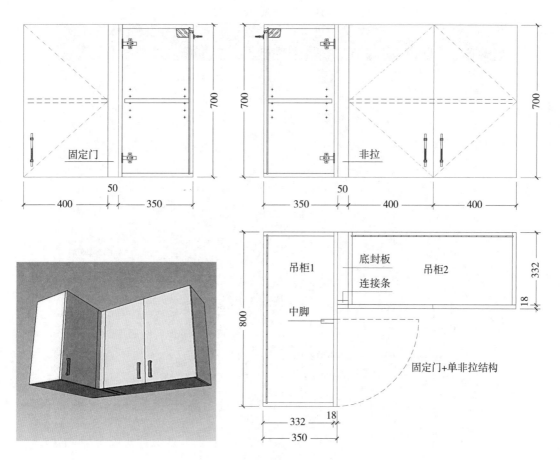

图1–92　90°转角吊柜结构图

转角吊柜的拆单可以分以下三步完成。

第一步：确定两个吊柜的总体尺寸和非拉尺寸。

吊柜1：800mm × 700mm × 350mm（含门）。

吊柜2：800mm × 700mm × 350mm（含门）。

非拉：宽度50mm，高度700mm。

🎓学习思考

　　Q12. 图1–92中组合吊柜的重叠宽度、深度（含非拉）分别是多少？

　　Q13. 图1–92中固定门的尺寸为多少？

　　第二步：根据厨柜的吊柜标准结构，即侧板夹顶底板、背板四方进槽、门板全盖等条件，完成柜体拆单。

　　第三步：核验拆单结果，见表1-19。

表1-19　90°转角吊柜拆单

拆单产品	序号	部件名称	部件规格（理论）/mm	数量/块	材料	工艺说明
吊柜1	1	侧板	700×332×18	2	SQ 饰面刨花板	包槽20mm、槽5mm×5mm
	2	顶底板	764×332×18	2	SQ 饰面刨花板	包槽20mm、槽5mm×5mm
	3	层板	764×300×18	1	SQ 饰面刨花板	固定层板
	4	背板	774×674×5	1	SQ 饰面高密板	四方进槽5mm
	5	中脚	664×80×18	1	SQ 饰面刨花板	顶底板上下夹
	6	门板	700×400×18	2	待定	全盖
吊柜2	1	侧板	700×332×18	2	SQ 饰面刨花板	包槽20mm、槽5mm×5mm
	2	顶底板	764×332×18	2	SQ 饰面刨花板	包槽20mm、槽5mm×5mm
	3	层板	764×300×18	1	SQ 饰面刨花板	固定层板
	4	背板	774×674×5	1	SQ 饰面高密板	四方进槽5mm
	5	门板	700×400×18	2	待定	全盖
连接	1	连接条	664×50×18	1	SQ 饰面刨花板	上下封板夹
	2	顶底封板	50×332×18	2	SQ 饰面刨花板	—
	3	非拉	700×50×18	1	待定	与门板同色同料

四、高立柜的结构与拆单

　　厨房中高立柜的高度超过视平线（一般与吊柜顶部齐平）时，采用侧板夹顶板、底板、层板的结构，如图1-93所示。

　　图1-93为一个600mm宽的高立柜。一般情况下，高立柜下门板与地柜门板等高，上门板与吊柜门板等高，中部嵌装消毒柜、微波炉、烤箱等电器。高立柜部件拆单见表1-20。

⌂学习思考

　　Q14. 高立柜嵌装消毒柜时，柜体宽度通常是多少？

　　Q15. 如何确定高立柜的高度？

　　Q16. 图1-93所示的高立柜设计深度580mm的依据是什么？

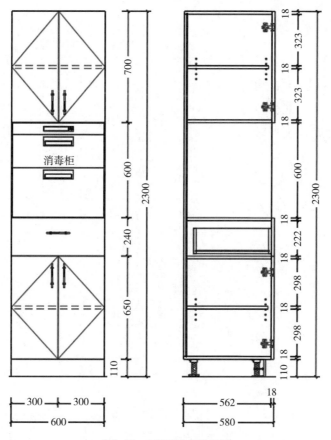

图1-93　厨房高立柜结构图

表1-20　高立柜部件拆单

序号	部件名称	部件规格（理论）/mm	数量/块	材料	工艺说明
1	侧板	2190×562×18	2	SQ饰面刨花板	包槽20mm、槽5mm×5mm
2	顶底板	564×562×18	2	SQ饰面刨花板	包槽20mm、槽5mm×5mm
3	层板	564×542×18	3	SQ饰面刨花板	固定层板
4	层板	560×520×18	2	SQ饰面刨花板	活动层板
5	斗旁	520×120×18	2	SQ饰面刨花板	开槽5mm×5mm、包槽20mm
6	斗尾	502×120×18	2	SQ饰面刨花板	开槽5mm×5mm、包槽20mm
7	斗底	512×494×5	1	SQ饰面密度板	四方进槽
8	背板	2164×574×5	1	SQ饰面密度板	四方进槽
9	门板	650×300×18	2	待定	全盖
10	门板	700×300×18	2	待定	全盖
11	斗面	240×600×18	1	待定	全盖

五、缺角柜的结构与拆单

❶ 缺角地柜

图1-94为缺角地柜结构图。为保证地柜安装时能全面围住包管，地柜缺角应大于包柱尺寸。该地柜缺角尺寸为230mm×180mm，为底板托围板结构。缺角地柜拆单见表1-21。

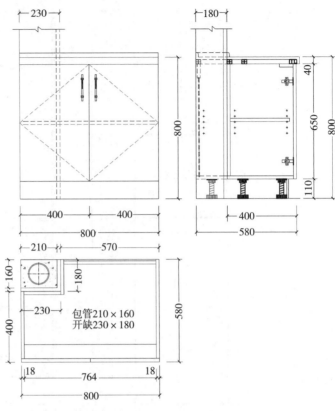

图1-94　缺角地柜结构图

表1-21　缺角地柜拆单

序号	部件名称	部件规格（理论）/mm	数量/块	材料	工艺说明
1	右侧板	650×562×18	1	SQ饰面刨花板	包槽20mm、槽5mm×5mm
2	左侧板	650×382×18	1	SQ饰面刨花板	不开槽
3	缺角侧板	632×198×18	1	SQ饰面刨花板	底托、包槽20mm、槽5mm×5mm
4	底板	764×562×18	1	SQ饰面刨花板	包槽20mm、槽5mm×5mm、缺角
5	前撑条	764×80×18	1	SQ饰面刨花板	平装
6	后撑条	534×80×18	1	SQ饰面刨花板	侧边居中开槽5mm×8mm
7	缺角背板	632×212×18	1	SQ饰面刨花板	底板托背板
8	背板	544×562×5	1	SQ饰面密度板	进槽5mm、四方进槽
9	门板	650×400×18	2	待定	全盖

🎓**学习思考**

Q17. 抽屉深度取值520mm时，应选用的滑轨长度为多少？

Q18. 图1-94中地柜的缺角尺寸为多少？

❷ 缺角吊柜

缺角吊柜一般设计为顶底板夹缺角围板的结构，如图1-95和图1-96所示。这样设计的好处是可以现场开缺，控制其大小、形状，有利于实现好的安装效果。缺角吊柜的拆单见表1-22。

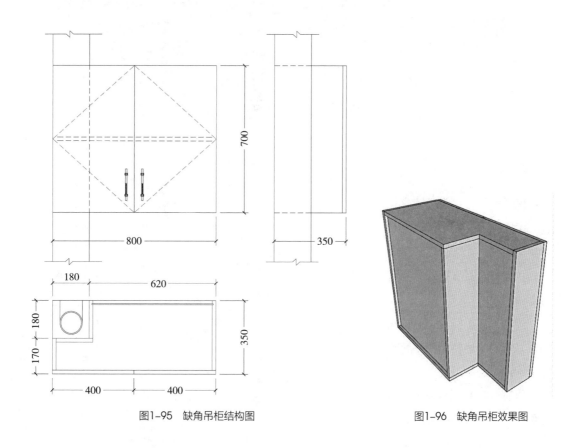

图1-95　缺角吊柜结构图　　　　　　　　图1-96　缺角吊柜效果图

表1-22　缺角吊柜拆单

序号	部件名称	部件规格（理论）/mm	数量/块	材料	工艺说明
1	右侧板	700×332×18	1	SQ 饰面刨花板	包槽 20mm、槽 5mm×5mm
2	左侧板	700×152×18	1	SQ 饰面刨花板	不开槽
3	缺角侧板	664×180×18	1	SQ 饰面刨花板	顶底板夹、包槽 20mm、槽 5mm×5mm

🎓 学习思考

Q19. 图1-95中吊柜的缺角尺寸为多少？

Q20. 图1-95中吊柜的缺角围板与顶底板是什么位置关系？

续表

序号	部件名称	部件规格（理论）/mm	数量/块	材料	工艺说明
4	顶底板	764×332×18	2	SQ 饰面刨花板	包槽20mm、槽5mm×5mm
5	层板	764×300×18	1	SQ 饰面刨花板	固定层板
6	缺角背板	664×180×18	1	SQ 饰面刨花板	顶底板夹
7	背板	544×674×5	1	SQ 饰面密度板	四方进槽
8	门板	700×400×18	2	待定	全盖

▍任务实施

该任务综合性强，完成具有一定的难度，建议按以下几个步骤实施。

步骤一： 复习板式家具结构方面的专业知识。

步骤二： 了解厨柜的特殊构造，特别是地柜结构和转角柜结构。

步骤三： 对每个地柜、吊柜编号，再依次拆单，如图1-97所示。

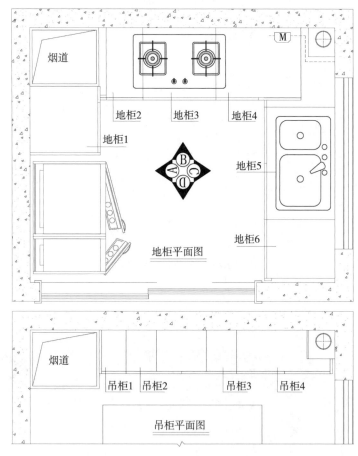

图1-97　厨柜柜体编号

🎓 学习思考

Q21. 图1-97的厨柜由几个地柜和吊柜构成？

┃ 归纳总结

❶ 知识梳理：该任务包含的主要知识如下。

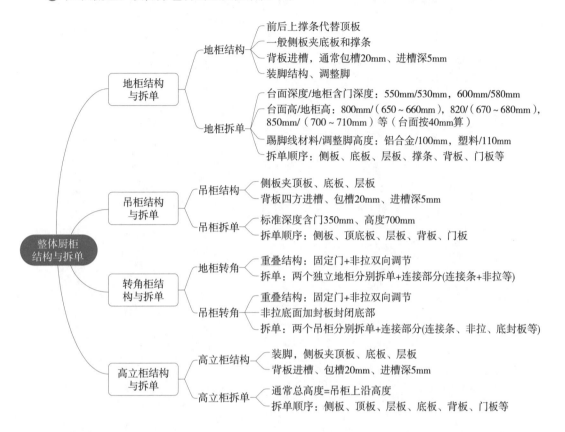

❷ 任务总结：该任务中厨柜的拆单结果见表1-23。

表1-23 图1-88的厨柜拆单

拆单产品 /mm	序号	部件名称	部件规格（理论）/mm	数量 / 块	材料	工艺说明
地柜 1：530×690×580（含门）	1	侧板	690×560×18	2	SQ 饰面刨花板	包槽 20mm、槽 5mm×5mm
	2	底板	494×560×18	1	SQ 饰面刨花板	包槽 20mm、槽 5mm×5mm
	3	前撑条	494×80×18	1	SQ 饰面刨花板	平装

🎓 **学习思考**

Q22. 地柜1的背板尺寸是如何计算出来的？

Q23. 哪些吊地柜可以不设计背板？

Q24. 哪些地柜可以不设计层板？

续表

拆单产品 /mm	序号	部件名称	部件规格（理论）/mm	数量 / 块	材料	工艺说明
地柜 1：530×690×580（含门）	4	后撑条	494×80×18	1	SQ 饰面刨花板	立装、侧边居中开槽 5mm×8mm
	5	层板	489×520×18	1	SQ 饰面刨花板	活动层板
	6	背板	504×602×5	1	SQ 饰面高密板	四方进槽 5mm
地柜 2（调味拉篮柜）：300×690×580（含门）	1	侧板	690×560×18	2	SQ 饰面刨花板	包槽 20mm、槽 5mm×5mm
	2	底板	264×560×18	1	SQ 饰面刨花板	包槽 20mm、槽 5mm×5mm
	3	前撑条	264×80×18	1	SQ 饰面刨花板	平装
	4	后撑条	264×80×18	1	SQ 饰面刨花板	立装、侧边居中开槽 5mm×8mm
	5	背板	274×602×5	1	SQ 饰面高密板	四方进槽 5mm
地柜 3（嵌入消毒柜、炉灶柜）：600×690×580（含门）	1	侧板	690×560×18	2	SQ 饰面刨花板	包槽 20mm、槽 5mm×5mm、上方开 U 形缺
	2	底板	564×560×18	1	SQ 饰面刨花板	包槽 20mm、槽 5mm×5mm
	3	前撑条	564×80×18	1	SQ 饰面刨花板	平装
	4	后撑条	564×80×18	1	SQ 饰面刨花板	立装、侧边居中开槽 5mm×8mm
	5	背板	574×602×5	1	SQ 饰面高密板	四方进槽
地柜 4（转角地柜、气表柜）：700×690×580（含门）	1	侧板	690×560×18	2	SQ 饰面刨花板	不装背板、可不开槽
	2	底板	664×560×18	1	SQ 饰面刨花板	不装背板、可不开槽
	3	前撑条	664×80×18	1	SQ 饰面刨花板	平装
	4	后撑条	664×80×18	1	SQ 饰面刨花板	立装
	5	中立板	654×80×18	1	SQ 饰面刨花板	中脚
地柜 5（水槽柜）：900×690×580（含门）	1	侧板	690×560×18	2	SQ 饰面刨花板	不装背板、可不开槽
	2	底板	864×560×18	1	SQ 饰面刨花板	不装背板、可不开槽、贴防水铝箔
	3	铝撑	864×30×20	2	铝合金	平装

续表

拆单产品 /mm	序号	部件名称	部件规格（理论）/mm	数量 / 块	材料	工艺说明
地柜 6（抽屉柜、木抽）：470×690×580（含门）	1	侧板	690×560×18	2	SQ 饰面刨花板	包槽 20mm、槽 5mm×5mm
	2	底板	434×560×18	1	SQ 饰面刨花板	包槽 20mm、槽 5mm×5mm
	3	前撑条	434×80×18	1	SQ 饰面刨花板	平装
	4	后撑条	434×80×18	1	SQ 饰面刨花板	立装、侧边居中开槽 5mm×8mm
	5	背板	444×602×5	1	SQ 饰面密度板	四方进槽 5mm
	6	斗旁	520×150×18	6	SQ 饰面刨花板	开槽 5mm×5mm、包槽 20mm
	7	斗尾	382×150×18	6	SQ 饰面刨花板	开槽 5mm×5mm、包槽 20mm
	8	斗底	392×494×5	3	SQ 饰面密度板	四方进槽 5mm
地柜柜体连接	1	连接条	690×55×18	2	SQ 饰面刨花板	非拉连接
地柜门板、S 板、非拉、斗面等	1	门板	690×400×20	1	待定	地柜 1
	2	门板	690×300×20	1	待定	地柜 2
	3	门板	690×350×20	2	待定	地柜 4
	4	门板	690×450×20	2	待定	地柜 5
	5	斗面	230×470×20	1	待定	地柜 6
	6	S 板	690×580×20	1	待定	地柜 1 侧面
	7	非拉	690×55×20	3	待定	地柜转角、右边端头
	8	非拉	690×130×20	1	待定	地柜 1 固定门
吊柜 1：200×720×350（含门）	1	侧板	720×330×18	2	SQ 饰面刨花板	开槽 5mm×5mm、包槽 20mm
	2	顶底板	164×330×18	2	SQ 饰面刨花板	开槽 5mm×5mm、包槽 20mm
	3	层板	158×300×18	1	SQ 饰面刨花板	活动层板
	4	背板	174×694×5	1	SQ 饰面密度板	四方进槽
吊柜 2：内含 2 个 250×640×330（不含门）柜体	1	侧板	640×330×18	4	SQ 饰面刨花板	开槽 5mm×5mm、包槽 20mm
	2	顶底板	214×330×18	4	SQ 饰面刨花板	开槽 5mm×5mm、包槽 20mm

续表

拆单产品 /mm	序号	部件名称	部件规格（理论）/mm	数量 / 块	材料	工艺说明
吊柜 2：内含 2 个 250×640×330（不含门）柜体	3	层板	208×300×18	2	SQ 饰面刨花板	活动层板
	4	背板	224×614×5	2	SQ 饰面密度板	四方进槽
吊柜 3：770×720×350（含门）、缺角 190×230	1	左侧板	720×330×18	1	SQ 饰面刨花板	开槽 5mm×5mm、包槽 20mm
	2	右侧板	720×100×18	1	SQ 饰面刨花板	不开槽
	3	中立板	684×230×18	1	SQ 饰面刨花板	顶底板夹、开槽 5mm×5mm、包槽 20mm
	4	缺角背板	684×190×18	1	SQ 饰面刨花板	顶底板夹结构
	5	顶底板	734×330×18	2	SQ 饰面刨花板	开槽 5mm×5mm、包槽 20mm
	6	层板	734×300×18	1	SQ 饰面刨花板	固定层板
	7	背板	694×554×5	1	SQ 饰面密度板	四方进槽
	8	望板底条	1940×80×18	1	SQ 饰面刨花板	—
吊柜门板、S 板、望板等	1	门板	720×200×20	1	待定	吊柜 1
	2	门板	640×455×20	2	待定	吊柜 2
	3	门板	720×385×20	2	待定	吊柜 3
	4	S 板	720×350×20	1	待定	吊柜 1 左侧
	5	S 板	720×100×20	1	待定	吊柜 3 右侧
	6	望板	1940×90×20	1	待定	吊柜顶部正面

🧩 拓展提高

一、五角柜的结构与拆单

在欧式厨柜设计中，往往利用五角柜安装转筒和转篮，使转角空间存取物品更加便利。五角柜分为以下两种结构形式。

❶ 侧板内侧倒角五角柜

如图1-98所示，该五角柜结构的侧板向内45°倒边，采用底板托侧板的结构。该五角柜有两块背板，其中一块用硬背板，另一块用软背板（四方进槽），与一般地柜结构相同。

观察图1-98的五角柜组合图，需注意以下三个问题。

◆ 五角柜门板宽度小于柜体斜边长度。

◆ 与五角柜连接的两边柜体的门板宽度小于柜体宽度。

◆ 五角柜的门板及与其相邻的地柜门板均采用中弯臂（半盖）铰链。

五角柜的拆单见表1-24。

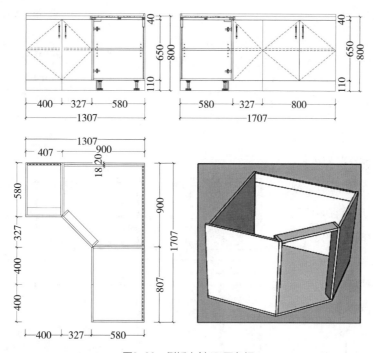

图1-98　侧板内斜45°五角柜

表1-24　侧板内侧倒角五角柜拆单（不含两侧地柜）

序号	部件名称	部件规格（理论）/mm	数量/块	材料	工艺说明
1	右侧板	632×562×18	1	SQ 饰面刨花板	倒 45° 内斜边、包槽 20mm、槽 5mm×5mm
2	左侧板	632×562×18	1	SQ 饰面刨花板	板倒 45° 内斜边、不开槽
3	底板	900×900×18	1	SQ 饰面刨花板	正面切角 338mm×338mm、一边开槽 5mm×5mm、包槽 20mm
4	硬背板	632×882×18	1	SQ 饰面刨花板	632mm 的一个边包槽 20mm、槽 5mm×5mm
5	前撑条	442×80×18	1	SQ 饰面刨花板	—

🎓 **学习思考**

Q25. 五角柜门板宽度为何小于柜体斜边长度？

Q26. 图1-98的五角柜的尺寸为多少？

Q27. 五角柜侧板宽度如何确定？

续表

序号	部件名称	部件规格（理论）/mm	数量/块	材料	工艺说明
6	背撑条	844×80×18	1	SQ饰面刨花板	侧边居中开槽8mm×5mm
7	层板	862×844×18	1	SQ饰面刨花板	固定层板、正面切角、装转筒转篮时取消
8	中脚	632×80×18	2	SQ饰面刨花板	底板托
9	软背板	854×562×5	1	SQ饰面密度板	四方进槽
10	门板	650×463×18	1	待定	中弯臂铰链

❷ 侧板外侧倒角五角柜

图1-99所示的五角柜，侧板外斜45°倒边，底板与侧板正面平齐。这种结构既可以底板托侧板，也可以侧板夹底板，一般选用侧板夹底板结构。

中脚与侧板正面倒45°角，加工工艺相对复杂，为避免受潮，硬背板需要离墙20mm，软背板四方进槽嵌装。

观察图1-99，需注意以下三个问题。

◆ 五角柜门板的宽度小于柜体斜边长度。

◆ 与五角柜连接的两边柜体的门板宽度小于柜体宽度。

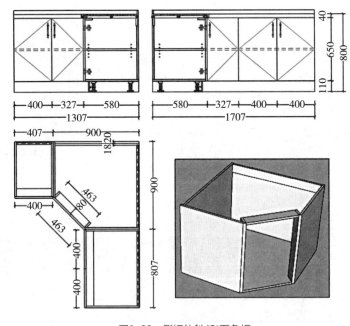

图1-99　侧板外斜45°五角柜

◆ 五角柜门板采用全盖铰链，与其拼接处的地柜门板采用半盖铰链。

根据以上结构的分析，图1-99的五角柜部件结构拆单见表1-25。

🎓 学习思考

Q28. 五角柜设计中脚的作用是什么？

Q29. 图1-99五角柜的尺寸设计为900mm×900mm的依据是什么？

Q30. 图1-99五角柜底板与侧板与图1-98有什么不一样？

表1-25　侧板外侧倒角五角柜拆单

序号	部件名称	部件规格（理论）/mm	数量/块	材料	工艺说明
1	右侧板	650×580×18	1	SQ 饰面刨花板	倒45°斜边、开槽5mm×5mm、包槽20mm
2	左侧板	650×580×18	1	SQ 饰面刨花板	倒45°斜边、不开槽
3	底板	882×882×18	1	SQ 饰面刨花板	正面切角302mm×302mm、一边开槽5mm×5mm、包槽20mm
4	硬背板	632×882×18	1	SQ 饰面刨花板	632mm的方向后边开槽5mm×5mm、包槽20mm
5	前撑条	427×80×18	1	SQ 饰面刨花板	平装
6	背撑条	844×80×18	1	SQ 饰面刨花板	侧边居中开槽5mm×8mm
7	层板	862×844×18	1	SQ 饰面刨花板	固定层板、正面切420mm×420mm角、装转筒转篮时取消
8	中脚	632×80×18	2	SQ 饰面刨花板	底托结构
9	软背板	854×562×5	1	SQ 饰面密度板	四方进槽
10	门板	650×463×18	1	待定	全盖铰链

五角吊柜与地柜类似，也分为上述两种结构形式，通常采用顶底板夹侧板的结构。

二、异型柜的结构与拆单

异形厨房设计时，大多会出现异型柜，如图1-100所示。为减小加工难度，应尽可能少设计异型柜。

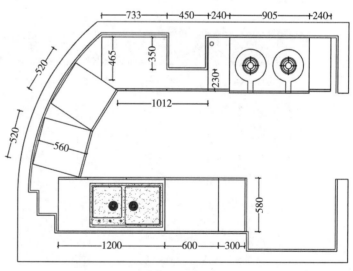

图1-100　异型柜设计

图1-101为异型厨柜的三视图，其结构为侧板夹底板及前后撑条，缺角处采用硬板。异型柜的拆单见表1-26。

🎓学习思考

Q31. 表1-25中硬背板的尺寸是如何计算的？

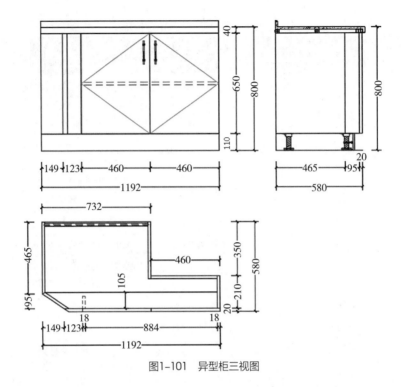

图1-101 异型柜三视图

表1-26 异型柜拆单

序号	部件名称	部件规格（理论）/mm	数量/块	材料	工艺说明
1	左侧板	650×465×18	1	SQ 饰面刨花板	开槽 5mm×5mm、包槽 20mm、前斜角
2	左斜角侧板	650×205×18	1	SQ 饰面刨花板	斜角
3	右侧板	650×210×18	1	SQ 饰面刨花板	—
4	中立板	632×350×18	1	SQ 饰面刨花板	底托、开槽 5mm×5mm、包槽 20mm
5	中脚	614×80×18	1	SQ 饰面刨花板	底板和前撑条上下夹
6	缺角背板	632×442×18	1	SQ 饰面刨花板	底托
7	底板	1156×560×18	1	SQ 饰面刨花板	左前和右后切角
8	前撑条	1156×105×18	1	SQ 饰面刨花板	左切角
9	后撑条	696×80×18	1	SQ 饰面密度板	侧边居中开槽 5mm×8mm
10	背板	706×562×5	1	SQ 饰面密度板	四方进槽
11	门板	650×460×20	2	待定	—
12	固定门	650×123×20	1	待定	650mm 一边斜角

🎓 学习思考

Q32. 图1-101异型柜中，460mm×350mm的缺角围板与底板是什么位置关系？

Q33. 149mm×95mm的缺角与底板是什么位置关系？

Q34. 中脚高度614mm是如何计算出来的？

▍**巩固练习**

图1-102为某厨房设计图，完成其部件拆单。

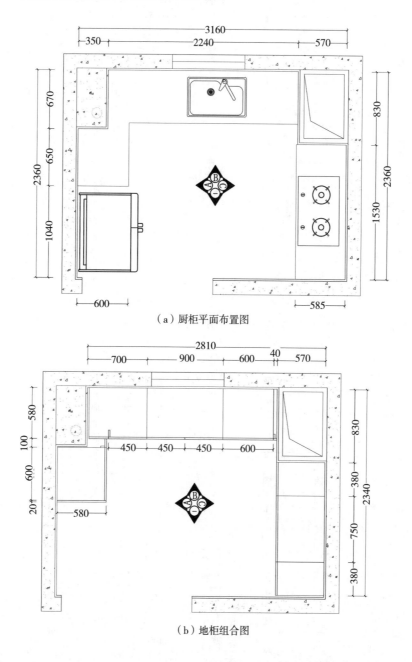

（a）厨柜平面布置图

（b）地柜组合图

🎓**学习思考**

Q35. 简述厨柜拆单的一般步骤。

Q36. 图1-102的厨柜由几个地柜、吊柜构成？

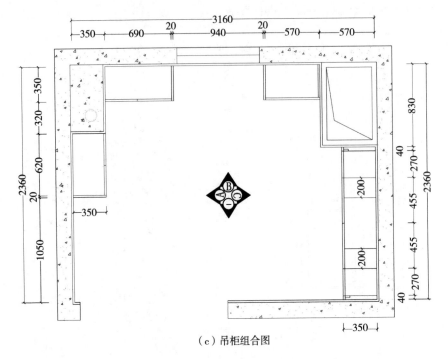

（c）吊柜组合图

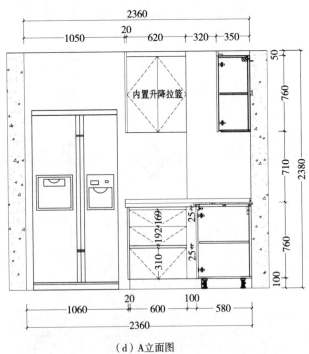

内置升降拉篮

（d）A立面图

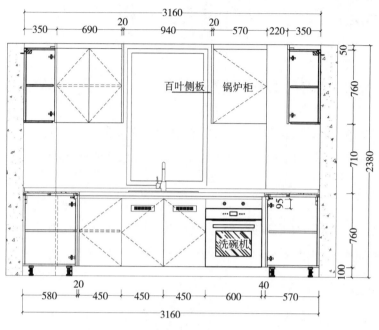

（e）B立面图

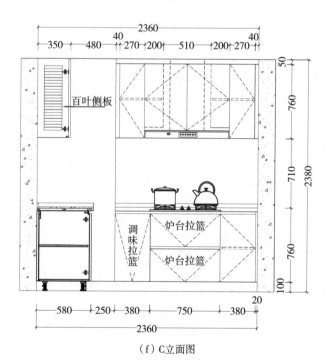

（f）C立面图

图1-102 某厨房设计图

任务 **8** 平开门衣柜的结构与拆单

▤ 任务描述：平开门衣柜的结构与拆单

衣柜是定制家具的主要产品之一，按照门板形式的不同，主要分为平开门衣柜、移动门衣柜两类。图1-103是平开门衣柜的设计图纸，识图并完成其结构分析与拆单。

任务分析

衣柜是一件结构相对复杂的产品，其结构分析与拆单任务是前面所学板式家具结构知识的综合应用。完成该任务应具有以下知识与技能。

▌知识目标

❶ 熟练掌握板式家具结构的专业知识。
❷ 熟练掌握板式平开门衣柜结构的专业知识。

▌技能目标

❶ 具有平开门衣柜结构分析与拆单的能力。
❷ 具有熟练绘图表现平开门衣柜结构的能力。

⌖ 知识与技能

一、平开门衣柜的单体柜拆分

平开门衣柜往往由若干个单体柜组成，根据功能设计的不同，组成衣柜的单体柜有所差异。图1-103的衣柜由写字台、层架柜、顶柜、双门挂衣柜、单门挂衣柜五个单体柜组成，如图1-104所示。

分析组合衣柜的构成，主要考虑结构、尺寸等因素，遵循"深度不同分开、宽度高度太大分断"的原则。图1-105所示的衣柜，由于写字台高度和结构的特殊性，需要作为一个单体柜；

🎓**学习思考**

Q1. 平开门衣柜和移动门衣柜相比有何特点？

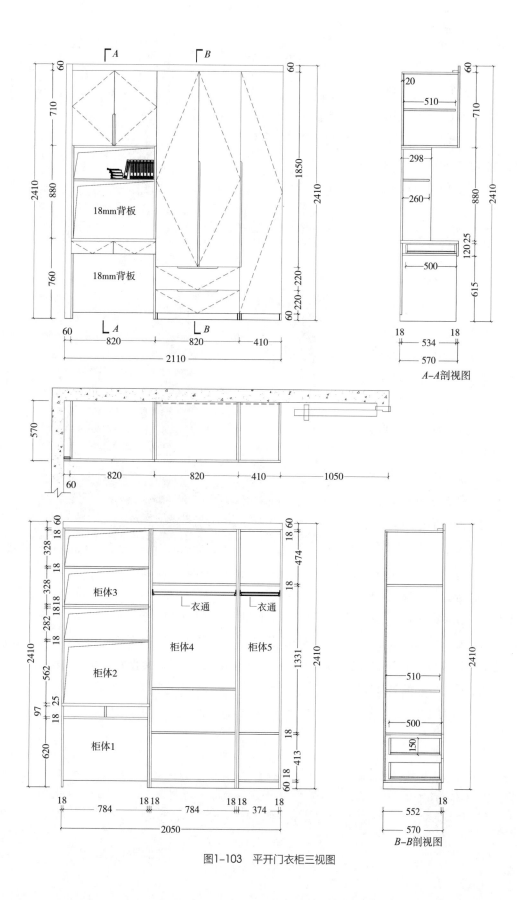

图1-103　平开门衣柜三视图

上方的吊柜四开门，分成两个单体柜；层架柜和吊柜深度不一样，需要分开制作；左边的三开门衣柜深度和右边的吊柜深度也不一样，同样也需要分开。所以该组合衣柜由五件单体组成，分别是：三门衣柜、顶柜×2、层架、写字台。

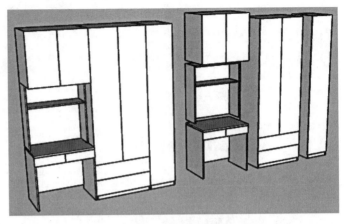

图1-104　平开门衣柜构成

二、平开门衣柜的结构分析

平开门组合衣柜的每个单体柜，根据功能的不同，其结构有一定的差异性。图1-103包含的五个单体柜中，写字台顶板厚度为25mm，结构为顶板盖侧板，而其他四个单体柜均为侧板夹顶底板结构。

从背板结构来看，写字台柜、装饰层架柜采用了硬背板设计，其他平开门的柜体均采用软背板四方进槽嵌装结构。柜体顶部采用封板封顶，调节顶面与地面高度的差异，提高衣柜的整体视觉效果。左侧采用封板遮掩，避免墙面不垂直和墙面对门板开启的干涉。

图1-105　平开门组合衣柜

组合衣柜的结构大致分为单体柜结构及安装结构。单体柜结构应考虑其功能、尺寸、稳定性等因素，以侧板为中心分析其他板块与侧板的位置与结构关系；安装结构主要考虑拼装、收口等因素，确保衣柜的整体效果。

组合衣柜内部安装的抽拉式挂衣架、裤架、领带盒、首饰盒等功能配件，参见任务九。

🎓 **学习思考**

Q2. 图1-104所示的衣柜还有其他单体柜分解形式吗？

Q3. 组合家具结构除了考虑单体柜结构，还应考虑哪些方面？

┃ 任务实施

平开门衣柜的拆单建议按以下几个步骤实施。

步骤一：分析组合衣柜的构成单体柜，并依次编号。

步骤二：分析每个单体柜的结构。

步骤三：按照单体柜编号依次拆单。

步骤四：检查拆单结果，检查工艺、结构是否合理，检查板块是否遗漏及尺寸是否正确。

┃ 归纳总结

❶ 知识总结：该任务包含的主要知识如下。

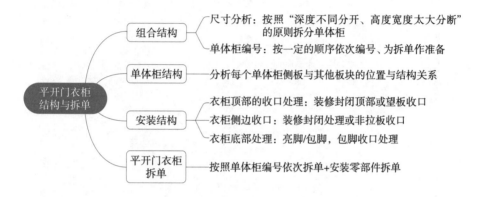

❷ 任务总结：图1-103平开门组合衣柜的拆单见表1-27。

表1-27 平开门组合衣柜拆单

拆单产品/mm	序号	部件名称	部件规格（理论）/mm	数量/块	材料	工艺说明
柜体1（写字台柜）：820×760×570	1	侧板	735×552×18	2	SQ饰面刨花板	—
	2	中立板	102×532×18	1	SQ饰面刨花板	—
	3	顶板	820×570×25	1	SQ饰面刨花板	—
	4	层板	784×532×18	1	SQ饰面刨花板	固定层板
	5	背板	675×784×18	1	SQ饰面刨花板	较侧板后边内缩2mm
	6	斗面	120×410×18	2	待定	全盖侧板
	7	斗旁	500×80×18	4	SQ饰面刨花板	开槽5mm×5mm、包槽20mm
	8	斗尾	321×80×18	4	SQ饰面刨花板	开槽5mm×5mm、包槽20mm
	9	斗底	474×331×5	2	SQ饰面密度板	—

续表

拆单产品 /mm	序号	部件名称	部件规格（理论）/mm	数量 / 块	材料	工艺说明
柜体 2（层架柜）：820×880×298	1	侧板	880×298×18	2	SQ 饰面刨花板	—
	2	顶板	784×298×18	1	SQ 饰面刨花板	—
	3	层板	784×260×18	1	SQ 饰面刨花板	—
	4	背板	784×862×18	1	SQ 饰面刨花板	—
柜体 3：820×710×570	1	侧板	710×552×18	2	SQ 饰面刨花板	开槽5mm×5mm、包槽20mm
	2	顶底板	784×552×18	2	SQ 饰面刨花板	开槽5mm×5mm、包槽20mm
	3	门板	710×410×18	2	待定	全盖门板
	4	背板	794×684×5	1	SQ 饰面密度板	四方进槽
柜体 4：820×2350×570	1	侧板	2350×552×18	2	SQ 饰面刨花板	开槽5mm×5mm、包槽20mm
	2	顶底板	784×552×18	2	SQ 饰面刨花板	开槽5mm×5mm、包槽20mm
	3	层板	784×530×18	2	SQ 饰面刨花板	固定层板
	4	层板	780×510×18	1	SQ 饰面刨花板	活动层板
	5	门板	1850×410×18	2	待定	全盖
	6	包脚	784×60×18	1	SQ 饰面刨花板	—
	7	斗面	220×820×18	2	待定	全盖侧板
	8	斗旁	500×160×18	4	SQ 饰面刨花板	开槽5mm×5mm、包槽20mm
	9	斗尾	722×160×18	4	SQ 饰面刨花板	开槽5mm×5mm、包槽20mm
	10	斗底	474×732×5	2	SQ 饰面密度板	四方进槽
	11	背板	2264×794×5	1	SQ 饰面密度板	四方进槽
柜体 5：410×2350×570	1	侧板	2350×552×18	2	SQ 饰面刨花板	开槽5mm×5mm、包槽20mm
	2	顶底板	374×552×18	2	SQ 饰面刨花板	开槽5mm×5mm、包槽20mm
	3	层板	374×530×18	2	SQ 饰面刨花板	固定层板
	4	门板	2290×410×18	1	待定	全盖

🎓**学习思考**

Q4. 写字台的背板为何设计为硬背板？

Q5. 写字台中立板的尺寸是如何计算出来的？

Q6. 柜体4的背板尺寸是如何计算出来的？

续表

拆单产品 /mm	序号	部件名称	部件规格（理论）/mm	数量 / 块	材料	工艺说明
柜体 5： 410×2350×570	5	包脚	374×60×18	1	SQ 饰面刨花板	—
	6	背板	2264×384×5	1	SQ 饰面密度板	四方进槽
其他：安装结构零部件	1	左侧封板	2410×60×18	1	同门板	—
	2	连接条	2410×60×18	1	SQ 饰面刨花板	—
	3	上封板	2050×60×18	1	同门板	—
	4	连接条	2050×60×18	1	SQ 饰面刨花板	—

✿ 拓展提高

一、有 S 板（条）的平开门衣柜的结构与拆单

在设计平开门衣柜时，有时会采用柜体夹或贴S板的结构。如图1-106所示的平开门组合衣柜，柜体与柜体间夹25mm厚的S条，最右边加贴25mm厚的S板。S板可以和门板同色，也可以不同色，形成纵向挺拔、稳重的视觉效果。该平开门组合衣柜内还设计了一组内抽，为避免抽屉抽拉时与门板相互干涉，抽屉左右内缩50mm，并加封板遮掩；考虑拉手的安装，抽屉及上方固定层板的深度内缩64mm。房门上方设计吊柜，增加了衣柜的储物空间。

该平开门组合衣柜一共包括7个单体柜，结构均为侧板夹顶板、底板、层板，背板四方进槽。其拆单结果见表1-28。

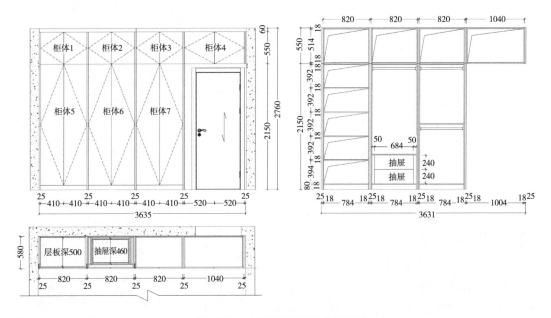

图1-106　含S板的平开门衣柜设计图

表1-28　含S板的平开门衣柜拆单

拆单产品/mm	序号	部件名称	部件规格（理论）/mm	数量/块	材料	工艺说明
柜体1、2、3、4（顶柜）：820×550×580/1040×550×580	1	侧板	550×562×18	8	SQ饰面刨花板	开槽5mm×5mm、包槽20mm
	2	顶底板	784×562×18	6	SQ饰面刨花板	开槽5mm×5mm、包槽20mm
	3	顶底板	1004×562×18	2	SQ饰面刨花板	开槽5mm×5mm、包槽20mm
	4	背板	524×794×5	3	SQ饰面密度板	四方进槽
	5	背板	524×1014×5	1	SQ饰面密度板	四方进槽
	6	门板	580×410×18	6	待定	全盖
	7	门板	580×520×18	2	待定	全盖
柜体5、6、7（底柜）：820×2150×580	1	侧板	2150×562×18	6	SQ饰面刨花板	开槽5mm×5mm、包槽20mm
	2	顶底板	784×562×18	6	SQ饰面刨花板	开槽5mm×5mm、包槽20mm
	3	固定层板	784×500×18	5	SQ饰面刨花板	柜体5中4块、柜体7中1块
	4	固定层板	784×490×18	1	SQ饰面刨花板	抽屉上方层板
	5	中立板	450×480×18	2	SQ饰面刨花板	柜体6抽屉
	6	斗旁	430×160×18	4	SQ饰面刨花板	开槽5mm×5mm、包槽20mm
	7	斗尾	622×160×18	4	SQ饰面刨花板	开槽5mm×5mm、包槽20mm
	8	斗面	684×240×18	2	待定	—
	9	侧封板	480×50×18	2	待定	同斗面

🎓 **学习思考**

Q7. 设计封板的目的是什么？

Q8. 平开门衣柜内置抽屉宽度设计时应考虑什么？

Q9. 平开门衣柜内置抽屉深度设计时应考虑什么？

续表

拆单产品 /mm	序号	部件名称	部件规格（理论）/mm	数量/块	材料	工艺说明
柜体 5、6、7（底柜）：820×2150×580	10	包脚	784×80×18	3	SQ 饰面刨花板	—
	11	斗底	632×404×5	2	SQ 饰面密度板	四方进槽
	12	背板	2044×794×5	3	SQ 饰面密度板	四方进槽
	13	门板	2070×410×18	6	待定	全盖
连接及 S 板（条）	1	S 条	550×80×25	3	待定	—
	2	S 条	2150×80×25	4	待定	—
	3	S 板	550×580×25	1	待定	—
	4	S 板	2150×580×25	1	待定	—
	5	封板	1715×60×18	1	待定	—
	6	封板	1910×60×18	1	待定	—
	7	封板连接板	1715×60×18	2	SQ 饰面刨花板	—
	8	封板连接板	1910×60×18	2	SQ 饰面刨花板	—

二、平开门转角组合衣柜的结构与拆单

转角衣柜一般呈L型或U型布置，如图1–107所示。该组合衣柜由3个单体柜组合而成，柜体结构都是侧板夹顶板、底板、层板，背板四方进槽，转角重叠处固定门。为避免两个方向的门板开启时相互干涉，设计非拉调节处理。为避免墙体不垂直造成缝隙不均，柜体靠墙处及顶部设计封板结构。包脚正面贴装门板材料，衣柜的整体视觉效果更好。

🎓 **学习思考**

Q10. 顶柜1、3、5、7的顶底板与侧板是何种位置关系？

Q11. 衣柜内侧封板的高度480mm是如何计算出来的？

Q12. 柜体2的背板尺寸2044mm×794mm是如何计算出来的？

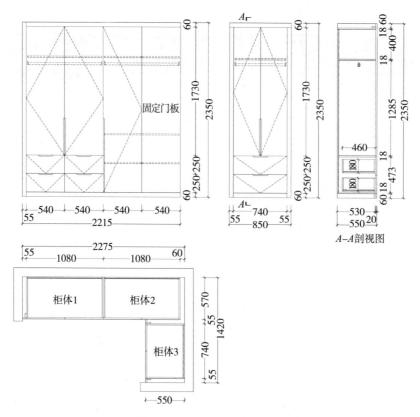

图1-107　平开门组合转角衣柜设计图

平开门组合转角衣柜的拆单见表1-29。

表1-29　平开门组合转角衣柜拆单

拆单产品 /mm	序号	部件名称	部件规格（理论）/mm	数量 / 块	材料	工艺说明
柜体 1、2：1080×2290×570	1	侧板	2290×550×18	4	SQ 饰面刨花板	开槽5mm×5mm、包槽20mm
	2	中立板	473×530×1881	1	SQ 饰面刨花板	—
	3	顶底板	1044×550×18	4	SQ 饰面刨花板	开槽5mm×5mm、包槽20mm
	4	固定层板	1044×530×18	1	SQ 饰面刨花板	抽屉上方
	5	固定层板	1044×510×18	4	SQ 饰面刨花板	其他位置层板
	6	包脚	1044×60×18	2	SQ 饰面刨花板	—
	7	斗旁	500×180×18	8	SQ 饰面刨花板	开槽5mm×5mm、包槽20mm
	8	斗尾	451×180×18	8	SQ 饰面刨花板	开槽5mm×5mm、包槽20mm
	9	斗底	474×461×5	4	SQ 饰面密度板	四方进槽

续表

拆单产品 /mm	序号	部件名称	部件规格（理论）/mm	数量 / 块	材料	工艺说明
柜体 1、2： 1080×2290×570	10	背板	2204×1054×5	2	SQ 饰面密度板	四方进槽
	11	斗面	250×540×20	4	待定	全盖侧板
	12	门板	1730×540×20	2	待定	全盖侧板
	13	门板	2230×540×20	2	待定	全盖侧板、其中 1 块固定
柜体 3： 740×2290×550	1	侧板	2290×530×18	2	SQ 饰面刨花板	开槽5mm×5mm、包槽 20mm
	2	顶底板	704×530×18	2	SQ 饰面刨花板	开槽5mm×5mm、包槽 20mm
	3	固定层板	704×510×18	1	SQ 饰面刨花板	抽屉上部
	4	固定层板	704×500×18	1	SQ 饰面刨花板	柜体上部
	5	包脚	704×60×18	1	SQ 饰面刨花板	—
	6	斗旁	480×180×18	4	SQ 饰面刨花板	开槽5mm×5mm、包槽 20mm
	7	斗尾	642×180×18	2	SQ 饰面刨花板	开槽5mm×5mm、包槽 20mm
	8	斗底	454×652×5	2	SQ 饰面密度板	四方进槽
	9	背板	2204×714×5	1	SQ 饰面密度板	四方进槽
	10	斗面	250×740×20	2	待定	全盖侧板
	11	门板	1730×370×20	2	待定	全盖侧板
其他：连接、包脚、封板、非拉等	1	封板连接条	2215×60×18	1	SQ 饰面刨花板	—
	2	封板连接条	850×60×18	1	SQ 饰面刨花板	—
	3	非拉、封板连接条	2350×80×18	3	SQ 饰面刨花板	—
	4	封板	2215×60×20	1	待定	材料同门板
	5	封板	850×60×20	1	待定	材料同门板
	6	非拉、封板	2350×55×20	3	待定	材料同门板
	7	包脚S 板	2160×60×20	1	待定	材料同门板
	8	包脚S 板	740×60×20	1	待定	材料同门板

🎓 **学习思考**

Q13. 柜体中立板的尺寸473mm×530mm×1881mm如何计算?

Q14. 斗旁长度500mm，应选择的滑轨长度是多少?

三、平开门 L 型转角柜的结构与拆单

L型转角柜在组合衣柜和衣帽间的设计中应用广泛，图1-108为转角衣柜效果图，图1-109为其三视图，该衣柜的拆单见表1-30。该组合衣柜由L型角柜+800mm衣柜+ 300mm边柜组合而成。L型转角柜的背板结构比较特殊，根据尺寸及内部结构的不同，背板可以设计为双面硬背板，也可以设计为硬背板+软背板，考虑交叉挂衣安装衣通的要求，可以双面设计硬背板，也可以部分硬背板和部分软背板结合。

图1-108　转角衣柜效果图

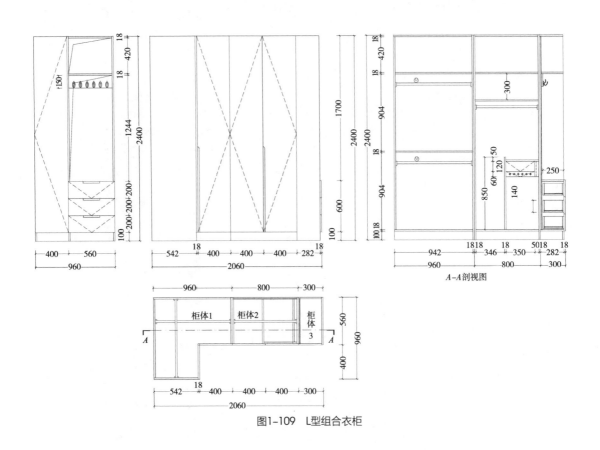

图1-109　L型组合衣柜

学习思考

Q15. 抽屉的高度180mm是如何确定的？

Q16. 包脚S板有何作用？

Q17. 图1-108的衣柜设计深度560mm是如何确定的？

表1-30 L型组合衣柜拆单

拆单产品 /mm	序号	部件名称	部件规格（理论）/mm	数量 / 块	材料	工艺说明
柜体 1（L 型角柜）：960×2400×960	1	侧板	2400×542×18	2	SQ 饰面刨花板	开槽 5mm×5mm、包槽 20mm
	2	顶底板	942×942×18	2	SQ 饰面刨花板	前面 L 切角 400mm×400mm、后边槽 5mm×5mm、包槽 20mm
	3	固定层板	915×915×18	2	SQ 饰面刨花板	正面缺角 418mm×418mm
	4	硬背板	942×2264×18	1	SQ 饰面刨花板	—
	5	硬背板	924×2264×18	1	SQ 饰面刨花板	—
	6	包脚	916×100×18	3	SQ 饰面刨花板	后面 2 条、前面 1 条
	7	包脚	400×100×18	1	SQ 饰面刨花板	前面
柜体 2（双门衣柜）：800×2400×560	1	侧板	2400×542×18	2	SQ 饰面刨花板	开槽 5mm×5mm、包槽 20mm
	2	顶底板	764×542×18	2	SQ 饰面刨花板	开槽 5mm×5mm、包槽 20mm
	3	固定层板	764×522×18	1	SQ 饰面刨花板	—
	4	中立板	885×480×18	1	SQ 饰面刨花板	—
	5	层板	400×480×18	1	SQ 饰面刨花板	—
	6	斗面	400×120×18	1	SQ 饰面刨花板	—
	7	斗旁	450×100×18	2	SQ 饰面刨花板	开槽 5mm×5mm、包槽 20mm

学习思考

Q18. L型转角柜固定层板的正面切角如何计算？

Q19. 中立板深度480mm是如何计算出来的？

Q20. 边柜3中抽屉的斗尾尺寸是如何计算出来的？

续表

拆单产品 /mm	序号	部件名称	部件规格（理论）/mm	数量/块	材料	工艺说明
柜体 2（双门衣柜）：800×2400×560	8	斗尾	338×100×18	2	SQ 饰面刨花板	开槽 5mm×5mm、包槽 20mm
	9	斗底	424×348×5	1	SQ 饰面密度板	四方进槽
	10	裤架面板	400×60×18	1	SQ 饰面刨花板	—
	11	裤架侧板	450×50×18	2	SQ 饰面刨花板	—
	12	裤架尾板	338×50×18	2	SQ 饰面刨花板	—
	13	包脚	764×100×18	1	SQ 饰面刨花板	—
	14	背板	2274×774×5	1	SQ 饰面密度板	—
柜体 3（边柜）：560×2400×300	1	侧板	2400×282×18	2	SQ 饰面刨花板	开槽 5mm×5mm、包槽 20mm
	2	顶底板	524×282×18	2	SQ 饰面刨花板	开槽 5mm×5mm、包槽 20mm
	3	固定层板	524×262×18	2	SQ 饰面刨花板	—
	4	斗旁	250×140×18	6	SQ 饰面刨花板	开槽 5mm×5mm、包槽 20mm
	5	斗尾	464×140×18	6	SQ 饰面刨花板	开槽 5mm×5mm、包槽 20mm
	6	斗底	224×474×5	3	SQ 饰面刨花板	四方进槽
	7	包脚	524×100×18	1	SQ 饰面刨花板	—
	8	衣钩背板	524×150×18	1	SQ 饰面刨花板	—
	9	背板	2274×534×5	1	SQ 饰面密度板	—
门板与斗面	1	门板	2300×400×18	4	待定	—
	2	斗面	200×560×18	3	待定	—

▌ 巩固练习

根据提供的资料，补全图1-110的平开门、共底座结构组合衣柜的侧视图，分析其结构并完成拆单。

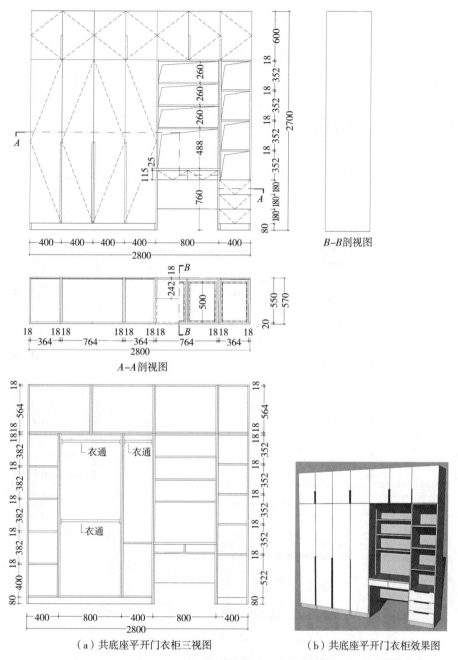

（a）共底座平开门衣柜三视图   （b）共底座平开门衣柜效果图

图1-110 共底座平开门衣柜三视图及效果图

任务 9　移动门衣柜的结构与拆单

任务描述：移动门衣柜的结构与拆单

　　近年来，移动门衣柜的应用十分广泛。图1-111为一套移动门衣柜的三视图，通过识图与结构分析，完成该产品的拆单。

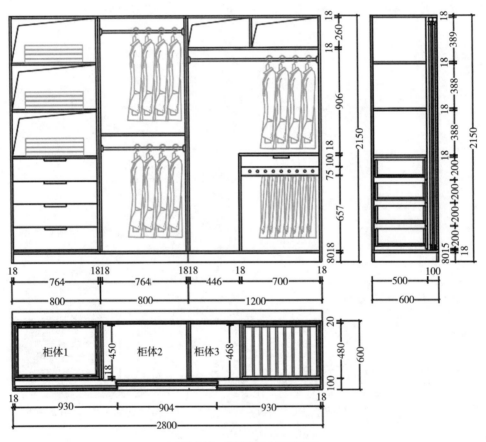

图1-111　某移动门衣柜三视图

🎓 学习思考

　　Q1. 图1-111的移动门衣柜由几个单体柜构成？

　　Q2. 移动门衣柜深度600mm确定的依据是什么？

　　Q3. 移动门滑轨安装预留深度一般为多少？

任务分析

衣柜移动门一般安装在柜体内侧，结构与平开门有较大区别。为了更好地完成该任务，应具有以下知识与技能。

▌知识目标

❶ 掌握移动门衣柜结构的专业知识。
❷ 熟练掌握板式家具结构的专业知识。

▌技能目标

❶ 具有移动门衣柜结构分析与拆单的专业能力。
❷ 具有熟练绘图表现移动门衣柜结构的能力。

🔨 知识与技能

一、移动门衣柜的结构

衣柜设计移动门时，移动门安装在顶底板之间，且要留一定的移动空间（一般100mm）。移动门衣柜结构应注意以下问题。

◆ 移动门衣柜的顶底板深度为衣柜总深度，一般为600mm。

◆ 左右两边的侧板深度与顶底板相等，而中间位置的侧板深度正面向内缩减100mm。通常情况下，左右侧板深度600mm，中间侧板深度480~500mm。

◆ 左右两边的单体柜一般为侧板夹顶底板结构。

◆ 中间的单体柜，由于顶底板深度大于侧板深度，通常是顶底板夹侧板结构。

◆ 移动门衣柜对柜体的水平度要求高，宽度较大的移动门衣柜宜设计成共底座结构或调整脚装脚结构，这样更有利于柜体的调平与安装。

图1-112为移动门衣柜结构图。识图可得出，衣柜由

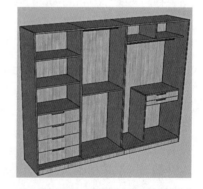

图1-112 移动门衣柜结构图

🎓学习思考

Q4. 为什么移动门衣柜内侧侧板的深度为500mm？

Q5. 移动门中立板深度480mm是怎么计算出来的？

Q6. 图1-112的移动门衣柜的中间侧板与顶底板是什么位置关系？

三个单体柜构成,为共底座结构,由两个底座组合而成。左右两侧为侧板夹顶底板,中间部位为顶底板夹侧板。

衣柜移动门一般采用铝合金型材制作,移门的尺寸计算与柜体的净宽、净高及移门的重叠量相关。移门的宽度尺寸计算一般按照以下步骤完成。

第一步:计算柜体的净宽尺寸、净高尺寸,即柜体内侧宽度、高度。

第二步:确定移门的块数。一般一扇门的宽度在800mm左右比较合适,通常为500~1200mm,太窄和太宽都不利于滑动。

第三步:根据所选定的移门边框,确定移门重叠量。一般情况下,单个重叠量取值为移门边框的宽度,所有移门总的重叠量=单个重叠量×重叠数。

采用双轨滑道时,两扇移门重叠数为1,三扇、四扇、五扇、六扇移门的重叠数均为2。

第四步:计算移门宽度。移门宽度=(柜体净宽+总的重叠量)/门扇数。

第五步:计算移门高度。移门高度计算应考虑上下滑轨的高度、上滑轮和下滑轮的高度,综合考虑后得出:

移门高度=柜体净高-[60~65mm(高度有一定的可调性)]。

根据上述规则,图1-111衣柜的移门宽度计算如下。

柜内净宽=2800mm-36mm=2764mm。

柜内净高=2150mm(总高)-80mm(包脚高)-36mm(顶底板厚度)=2034mm。

门扇数:3扇。

总重叠量:以窄边门边框为例(宽度13mm),一个重叠13mm,三扇门两个重叠记26mm。

移门宽度=(2764mm+26mm)/3=930mm。

移门高度=2034mm-60mm=1974mm(取值1970即可)。

二、移动门衣柜内抽屉的位置与结构

移动门衣柜一般设计内置抽屉,抽屉柜的处理可采用以下两种方法。

一种方法是设计成活动独立的抽屉柜。这种结构的抽屉柜可以移动,根据需要放置在衣柜左侧、右侧、中间均可,只要移门不影响抽屉的开启即可。另一种方法是借助柜体侧板设计抽屉柜,抽屉和柜体连接在一起,不能改变位置。

抽屉一般采用木质抽屉,其结构与常规抽屉相同,为前后斗尾、斗旁夹斗尾、斗底四方进槽、斗面与前斗尾螺钉连接。

🎓学习思考

Q7. 移动门的重叠量与什么相关?

Q8. 移动门宽度的计算为何要加重叠量?

Q9. 移动门内抽屉有哪几种设计形式?

内置抽屉的开启会受到移门的干涉，设计宽度过大或位置不合理，就可能导致抽屉开启受限。为避免该情况的出现，一般应把握以下几点。

◆ 两扇移门时，抽屉一般设计在边部位置（左边或右边），不宜放在移门重叠处的中部位置；三扇或多扇时，可以放在任何位置，但要估算抽屉能否正常拉出。

◆ 抽屉放在边部位置时，抽屉宽度应小于移门开启宽度，如图1-113所示。

◆ 抽屉在中间位置时，抽屉宽度应小于移门开启宽度且与之对应，如图1-113所示。

识图可以得出，两扇移门时，抽屉、裤架等推拉件不能置于中间位置，应放置在边部，即$W_1 < W_2$；三扇以上时，推拉件可以置于移门不干涉的位置，且$W_1 < W_2$（抽屉宽度小于移门往两边移动到边后的开启宽度）。

图1-113　移门内抽屉位置

三、移动门衣柜功能配件的设计与应用

移动门衣柜内的领带、首饰、内裤、袜子、皮带均可以采用收纳盒收纳，收纳盒可以购买成品，也可以使用衣柜材料制作，如图1-114所示。

成品收纳盒只需要购买后置于合适的抽屉内即可，如图1-114（a）所示。

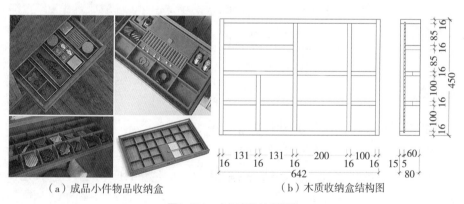

（a）成品小件物品收纳盒　　　　（b）木质收纳盒结构图

图1-114　衣柜内收纳盒配件

🎓 **学习思考**

Q10. 为什么移动门内置抽屉等推拉件都宜规划在两边？

Q11. 如何计算移动门中间位置的最大开启宽度？

Q12. 移动门衣柜内置收纳盒一般适合设计在衣柜内什么位置？

木质收纳盒可以按照收纳的物品合理分区，将抽屉内部用定制板材分隔即可，如图1-114（b）所示。

移门衣柜内的裤架同样可以购买裤架配件，也可以用柜体材料制作，如图1-115所示。

成品裤架配件、铝合金裤架需要找专业厂家购买或定制；木质裤架可以按照柜体尺寸定制，灵活性较大，造价低。

（a）成品裤架配件　　　（b）铝合金伸缩裤架　　　（c）木质裤架

图1-115　衣柜内配件——裤架

移门衣柜内的收纳盒、裤架等抽拉部件，和抽屉的设计相同，一般放置在柜体边部。衣柜有三扇以上移动门时，也可以考虑放在柜体正中间。但绝对不可以放置在移门重叠处，避免移门对抽拉部件产生干涉。

▎**任务实施**

移动门衣柜的拆单建议按以下步骤实施。

步骤一：将整套衣柜拆分成若干个单体柜，并依次编号。

步骤二：依次完成每个单体柜的拆单，抽屉、裤架、收纳盒的拆单应验证抽拉是否会受到移门干涉。

🎓**学习思考**

Q13. 裤架抽拉面板一般的设计高度为多少？

Q14. 采用三节钢珠抽轨安装裤架时，裤架的宽度应如何确定？

步骤三：移门拆单。移门内饰材料种类较多，三聚氰胺饰面板、钢化玻璃、镜子、塑料格栅等按照设计要求选择。

步骤四：检查拆单结果，检查工艺、结构是否合理，检查板块是否遗漏及尺寸是否正确。

▍**归纳总结**

❶ 知识总结：该任务包含的主要知识如下。

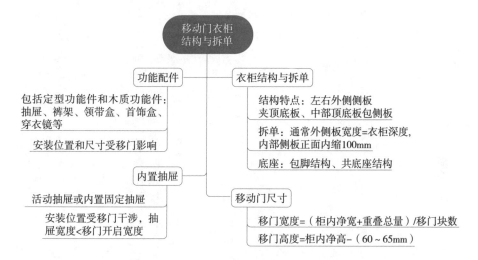

❷ 任务总结：图1-111的移动门衣柜拆单结果见表1-31。

表1-31　移动门衣柜拆单（柜体板以SQ饰面刨花板为例）

拆单产品 /mm	序号	部件名称	部件规格（理论）/mm	数量 / 块	材料	工艺说明
柜体 1、2：800×2150×600	1	左侧板	2150×600×18	1	SQ 饰面刨花板	开槽5mm×5mm、包槽20mm
	2	侧板	2034×500×18	3	SQ 饰面刨花板	开槽5mm×5mm、包槽20mm
	3	顶底板	764×600×18	4	SQ 饰面刨花板	开槽5mm×5mm、包槽20mm
	4	固定板	764×480×18	4	SQ 饰面刨花板	—
	5	包脚	1582×80×18	2	SQ 饰面刨花板	前后包脚
	6	包脚连接侧条	564×80×18	3	SQ 饰面刨花板	左、中、右各一块

🎓**学习思考**

Q15. 为什么拆单完成后要检查结果？

Q16. 移动门衣柜的柜体1、2的侧板尺寸是如何计算出来的？

Q17. 移动门衣柜的柜体1、2的固定层板尺寸是如何计算出来的？

续表

拆单产品 /mm	序号	部件名称	部件规格（理论）/mm	数量 / 块	材料	工艺说明
柜体 1、2：800×2150×600	7	斗旁	450×150×18	8	SQ 饰面刨花板	开槽5mm×5mm、包槽20mm
	8	斗尾	702×150×18	8	SQ 饰面刨花板	开槽5mm×5mm、包槽20mm
	9	斗底	424×712×5	4	SQ 饰面密度板	四方进槽
	10	斗面	200×764×18	4	待定	—
	11	背板	2044×774×5	2	SQ 饰面密度板	四方进槽
柜体 3：1200×2150×600	1	右侧板	2150×600×18	1	SQ 饰面刨花板	开槽5mm×5mm、包槽20mm
	2	侧板	2034×500×18	1	SQ 饰面刨花板	开槽5mm×5mm、包槽20mm
	3	下中立板	832×480×18	1	SQ 饰面刨花板	—
	4	上中立板	260×480×18	1	SQ 饰面刨花板	—
	5	顶底板	1182×600×18	2	SQ 饰面刨花板	开槽5mm×5mm、包槽20mm
	6	固定层板	718×480×18	1	SQ 饰面刨花板	—
	7	固定层板	1164×480×18	1	SQ 饰面刨花板	—
	8	包脚	1182×80×18	2	SQ 饰面刨花板	前后包脚
	9	包脚连接侧条	564×80×18	3	SQ 饰面刨花板	左、中、右各一块
	10	裤架侧板	450×55×16	2	SQ 饰面刨花板	—
	11	裤架前后尾板	642×55×16	2	SQ 饰面刨花板	钻 ϕ 15mm 圆孔
	12	铝合金裤管	ϕ 15×438	7	铝合金圆管	—
	13	领带盒侧板	450×80×18	2	SQ 饰面刨花板	开槽5mm×5mm、包槽20mm
	14	领带盒尾板	642×80×18	2	SQ 饰面刨花板	开槽5mm×5mm、包槽20mm
	15	内分隔	414×60×18	3	SQ 饰面刨花板	—
	16	内分隔	610×60×18	2	SQ 饰面刨花板	—
	17	内分隔	216×60×18	1	SQ 饰面刨花板	—
	18	内分隔	278×60×18	1	SQ 饰面刨花板	—

🎓 **学习思考**

Q18. 移动门衣柜的柜体3的裤架前后尾板尺寸是如何计算出来的？

续表

拆单产品 /mm	序号	部件名称	部件规格（理论）/mm	数量 / 块	材料	工艺说明
柜体 3： 1200×2150×600	19	底板	424×652×5	1	SQ 饰面密度板	四方进槽
	20	裤架面板	700×75×18	1	待定	—
	21	领带盒面板	700×100×18	1	待定	—
衣柜门板	1	移动门	930×1975×38	3	铝合金边框	内饰待定

拓展提高

一、折叠移动门衣柜的设计与拆单

图1-116为折叠移动门衣柜设计图，折叠移动门集开启、折叠、移动于一体，开启空间更大，使用更方便。

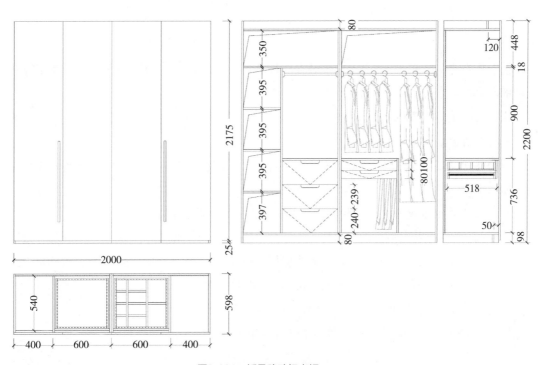

图1-116　折叠移动门衣柜

学习思考

Q19. 折叠移动门内置抽屉等推拉件的位置设计有何要求？

Q20. 折叠移动门与侧板是什么位置关系？

折叠移动门由上下滑轨、上下滑轮组、门板合页、闭门缓冲器等配件构成，如图1-117所示。

折叠移动门为全盖门板，即门板盖柜体侧板和顶底板，柜内不需要预留移动门空间，柜体侧板、顶底板、固定层板正面平齐。不同之处是要考虑上下滑轨的安装，中间部位的侧板与顶底板均为顶底板夹侧板结构，这样有利于滑轨的安装。折叠移动门衣柜的柜体结构如图1-118所示。

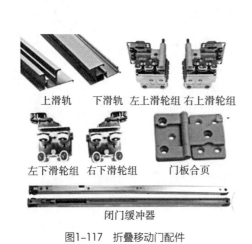

图1-117　折叠移动门配件

图1-118　折叠移动门衣柜结构图

上滑轨安装在顶板之上，下滑轨安装在底板之下。衣柜没有顶柜时，顶板上、底板下应有足够的滑轨安装空间，如图1-119（a）所示。

衣柜有顶柜时，顶板之上不能安装上滑轨，所以需要在顶板下方设计轨道安装板，如图1-119（b）所示。

折叠移动门打开后，衣柜中部空间完全开启，内置抽屉、收纳盒、裤架等抽拉件宜设计在柜体中间部位。

图1-116所示的折叠移动门衣柜的拆单可以按照以下步骤完成。

步骤一：将组合柜分解为两个单体柜，每个单体柜尺寸为1000mm×2200mm×598mm。

步骤二：分析单体柜结构，左右外侧为侧板夹顶底板，中间为顶底板夹侧板；再确定中立板、层板、抽屉、门板、背板等部件与侧板的位置与结构关系。

步骤三：完成产品拆单。

图1-116的折叠移动门衣柜的拆单结果见表1-32。

🎓 学习思考

Q21. 折叠移动门衣柜中间的侧板与顶底板是什么位置关系？

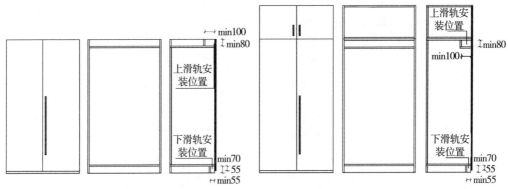

（a）没有顶柜移动折叠门安装　　　　　　（b）有顶柜移动折叠门安装

图1-119　折叠移动门安装结构图

表1-32　折叠移动门衣柜拆单（以SQ饰面刨花板为例）

序号	部件名称	部件规格（理论）/mm	数量/块	材料	工艺说明
1	外侧板	2200×580×18	1	SQ饰面刨花板	开槽5mm×5mm、包槽20mm
2	内侧板	2004×580×18	2	SQ饰面刨花板	开槽5mm×5mm、包槽20mm
3	中立板	1636×580×18	1	SQ饰面刨花板	—
4	中立板	718×560×18	1	SQ饰面刨花板	—
5	顶底板	982×580×18	4	SQ饰面刨花板	开槽5mm×5mm、包槽20mm
6	固定层板	964×560×18	4	SQ饰面刨花板	—
7	固定层板	382×540×18	3	SQ饰面刨花板	—
8	固定层板	564×560×18	2	SQ饰面刨花板	—
9	包脚望板	982×80×18	4	SQ饰面刨花板	—
10	斗旁	500×160×18	6	SQ饰面刨花板	开槽5mm×5mm、包槽20mm
11	斗旁	500×80×18	2	SQ饰面刨花板	开槽5mm×5mm、包槽20mm
12	斗尾	502×160×18	6	SQ饰面刨花板	开槽5mm×5mm、包槽20mm
13	斗尾	502×80×18	2	SQ饰面刨花板	开槽5mm×5mm、包槽20mm
14	斗内分隔	464×60×18	2	SQ饰面刨花板	—
15	斗内分隔	502×60×18	1	SQ饰面刨花板	—
16	斗内分隔	302×60×18	2	SQ饰面刨花板	—
17	裤架侧板	500×60×18	2	SQ饰面刨花板	—
18	裤架尾板	502×60×18	2	SQ饰面刨花板	—
19	斗面	564×239×18	3	SQ饰面刨花板	—
20	斗面	564×100×18	1	SQ饰面刨花板	—
21	裤架面板	564×80×18	1	SQ饰面刨花板	—
22	斗底	512×474×5	4	SQ饰面密度板	四方进槽
23	背板	2014×974×5	2	SQ饰面密度板	四方进槽
24	门板	2175×500×18	4	待定	全盖

🎓 **学习思考**

Q22. 内侧板高度2004mm是如何计算出来的？

Q23. 顶底板宽度982mm是如何计算出来的？

Q24. 裤架尾板宽度502mm是如何计算出来的？

二、无下轨折叠移动门衣柜的配件与应用

无下轨移动门属于吊滑门的一种，由上滑轨、上滑轮组（滑轮+门板连接铰链）、门板连接合页等配件组成，其中滑轮组分为两个级别：轻型和重型，区别就在于轻型为单铰链，重型为双铰链，如图1-120所示。

配件的安装如图1-121所示，门板完全遮掩顶板、底板，同时全盖左右侧板，该折叠移动门配件用于门板全盖的移动门衣柜。

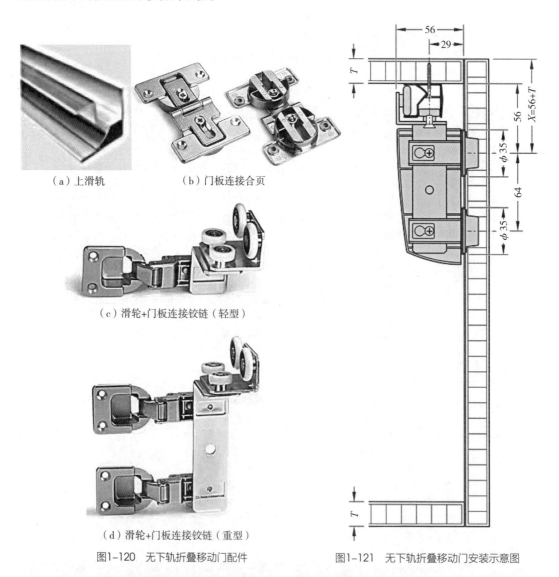

（a）上滑轨　　　　（b）门板连接合页

（c）滑轮+门板连接铰链（轻型）

（d）滑轮+门板连接铰链（重型）

图1-120　无下轨折叠移动门配件

图1-121　无下轨折叠移动门安装示意图

🎓 **学习思考**

Q25. 无下轨折叠移动门和有轨移动门相比有何优点？

Q26. 图1-121中门板与顶底板是什么位置关系？

巩固练习

图1-122为带封板的移动门衣柜图，根据所提供的资料，补全俯视图、侧视图，完成部件拆单。

（a）移动门衣柜效果图

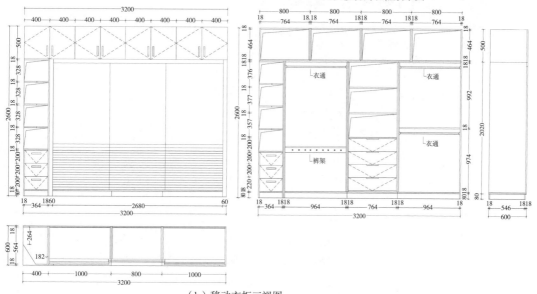

（b）移动衣柜三视图

图1-122　带封板的移动门衣柜

项目二 板式定制家具设计与表现

📋 项目描述

该项目对接定制家具店面设计师岗位，培养学生根据量房绘制平面布置图，确定家具尺寸，完成板式定制家具的规划与设计，绘制完整、规范的施工图的综合能力，这些是板式家具制造前端的重要技术。

✪ 素质目标

① 培养学生踏实肯干、责任心强、做事果断的工作态度。
② 培养学生认真敬业、一丝不苟、讲究效率的工作作风。
③ 培养学生精益求精、爱岗敬业、尽职尽责的工匠精神。

📖 知识目标

① 掌握板式家具设计的专业知识。
② 掌握板式家具结构绘图表现的专业知识。
③ 掌握定制家具空间规划与布置的专业知识。

▪️ 技能目标

① 具有熟练规划和处理定制家具空间的专业能力。
② 具有熟练设计板式家具的专业能力。
③ 具有熟练的板式家具设计绘图表现能力，能准确表现板式家具的结构。

☰ 项目实施

该项目通过七个教学任务的实施，以典型的厨卫、卧室、客厅、餐厅、书房等空间为例，从布置、尺寸、功能、结构等多个方面，深度剖析板式定制家具设计与表现的原理和方法，培养学生"会画图、知原理、能设计"的专业技能，实现该项目的人才培养目标。

🎓 学习引导

Q1. 该项目对接的岗位及职业技能有哪些？

Q2. 定制家具设计的一般程序和主要内容有哪些？

任务 1　定制家具尺寸的确定

📋 任务描述：如何确定定制家具尺寸

图2-1为设计师徒手绘制的某住宅空间房型测量草图，用CAD绘制该房型的平面布置图，掌握空间尺寸的测量方法和家具尺寸的确定依据。

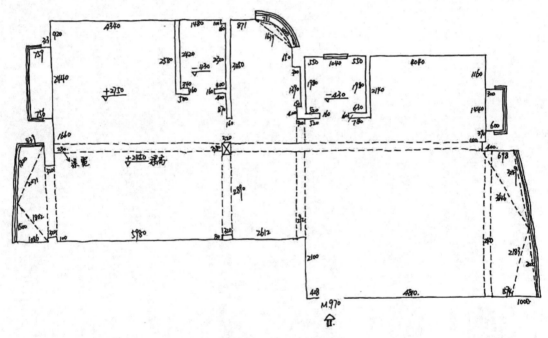

图2-1　某住宅空间房型测量草图

任务分析

该任务是以某住宅空间为例，分析定制家具设计的一般步骤与方法，学习和掌握空间尺寸的测量方法、家具尺寸的确定依据。完成此任务应具备以下知识与技能。

🎓 学习思考

Q1. 该任务学习的内容有哪些？

❚ **知识目标**

❶ 掌握定制家具设计的一般步骤与方法。

❷ 掌握定制家具尺寸设计的基础知识。

❸ 掌握绘制房型布置图的专业知识。

❚ **技能目标**

❶ 培养学生空间尺寸测量的能力。

❷ 培养学生确定家具尺寸的能力。

❸ 培养学生绘制室内空间平面布置图的能力。

知识与技能

一、定制家具设计的一般步骤与方法

全屋定制家具设计是按照客户的空间尺寸和选定的家具款型，完成配套家具设计的过程。和通用性家具设计相比，全屋定制家具设计具有以下特点。

◆ 家具尺寸的制约性：全屋定制家具受提供的空间尺寸限制，要与给定的空间尺寸相匹配，即"量体裁衣"。

◆ 家具风格的一致性：全屋定制是按照客户选定的风格设计，体现全屋的特点，不是单一的家具设计，要考虑室内装修的整体风格和装饰，与空间环境相协调。所有的家具颜色、造型应与客户要求一致，而不是由设计师自主决定。

◆ 用材用料的确定性：家具材料由客户按照厂家所提供的类型、样式自己确定，设计师只有建议权和引导权，即"按需选材"。

◆ 家居产品的配套性：随着大家居时代的到来，全屋定制不限于家具产品，而是"门、墙、柜"整体配套。企业从单一的生产家具转变为家居配套服务，还包括家具软装配饰。

根据定制家具的特点和要求，设计时应遵循以下步骤。

第一步：引导客户选择家具款型、样式和材料。客户的装修风格确定后，根据环境风格选择配套家具。选择前，客户对自己心仪的环境及家具已有一个初步的方案，引导客户到专卖店看样和选择就显得非常重要和必要，这也是定制家具销售的重要环节。

🎓 **学习思考**

Q2. 全屋定制家具有何特点？

Q3. 门墙柜一体化的含义是什么？

第二步：上门量尺。定制家具款型、材料、价格得到客户的认可后，设计师上门测量空间尺寸就是非常重要的技术活。全屋定制是"量体裁衣"，是现场测量、工厂制作、现场安装的模式，尺寸量不准就会导致设计差错，无法安装，从而导致返工，造成损失。量全尺寸、量对尺寸、量准尺寸是设计师必须具有的专业技能。

第三步：绘图设计。定制家具设计不是简单地按照展示样品完成尺寸的缩减和绘图，而是对产品尺寸、功能、结构、加工、安装及使用的整体规划。这就要求设计师有丰富的专业知识和一定的生活经验，能结合客户对审美、功能、使用习惯的需求完成设计，以带给客户更好的使用体验。

第四步：方案商定。完成图纸设计后，应与客户交流并确认方案。定制家具设计是"因人而异、按需定制"，应尽可能以客户为主体，但并非完全遵照客户的理解去设计。客户对家居产品的认知和了解存在不完整性，企业也存在材料供应、加工工艺和安装技术的特殊性，因此设计师应与客户多沟通，尽可能将各种问题圆满解决。

二、定制家具空间尺寸的测量方法

空间尺寸的测量是定制家具设计的重要环节，也是设计师入门必须具备的专业技能。量房一般按照以下步骤完成。

第一步：观察房型，绘制房型草图。无论多么复杂的住宅房型，都是由若干个空间组合而成的，如卧室、厨房、餐厅、客厅、卫生间等。绘制房型草图前，沿空间动线仔细观察每个空间的位置关系，掌握这些空间的排列规律。绘制房型草图应把握以下几点。

◆ 估算房型的尺寸和面积，确定草图的大致比例，确保完整绘制并方便记录尺寸。

◆ 房型草图完整记录空间的尺寸及结构，表达要清晰、明了、规范。

◆ 尽可能使用图例符号表现建筑结构，辅以少量文字说明并完整记录尺寸。表2-1为常用的图例符号，没有相应图例符号时可用外形符号表示。

第二步：按照一个方向，依次逐段量取尺寸，最后量取总尺寸（总的长、宽、高）并记录在草图上。沿一个方向依次逐段量取，确保不会遗漏尺寸。量尺寸时，地面、墙面、顶部的特殊部位及设备设施应一并量取并记录，如地面下水管的位置与尺寸、墙面煤气表的位置与尺寸、顶部梁的突出尺寸、烟道口的位置尺寸、空调插座的位置与尺寸等与家具有关的尺寸都应该量取并记录。

🎓 **学习思考**

Q4. 定制家具设计为何要强调设计绘图的重要性和严谨性？

Q5. 全屋定制为何要不断完善设计图纸？

Q6. 简述房型草图的重要性。

表2-1 草图绘制常用图例符号

序号	图例符号	说明及用途
1	实线 ———————	墙体轮廓
2	虚线 - - - - - - - - -	梁轮廓
3	点画线 —·—·—·—	用于表现对称轴、中心轴线等
4	⊠	柱子
5	▱	烟道
6	▨	浇筑承重墙
7	窗台深 Ch1400×（1050~2500）	窗，"Ch1400×（1050~2500）"表示窗宽1400mm，高度1050~2500mm
8	⌐M800×2000⌐	门洞，"M800×2000"表示门洞宽度800mm，高度2000mm
9	+2800 −400	层高，"+"表示向上，"−"表示下沉
10	包管深 ϕ直径 包管宽	管或孔的形体尺寸 + 位置尺寸
11	$w×d$ 气表柜宽w h_2 h_1	$w×d$ 为煤气管包管尺寸 气表柜宽 w 为气表吊柜宽度 h_1 和 h_2 为气表柜高度位置尺寸
12	x h	x 为插座水平位置 h 为插座高度位置

　　总尺寸的测量既有利于画图，也可以通过比较局部尺寸之和与总尺寸的差异，检验测量结果的准确性。

🎓 **学习思考**

Q7. 如何理解形体尺寸和位置尺寸的关系？

Q8. 梁的轮廓为何用虚线表示？

尺寸分为两个类型，一是形体尺寸，二是位置尺寸。形体尺寸是指物体的宽、高、深，位置尺寸指物体在空间或界面的坐标位置。如图2-2所示，X和Y是柱子的位置尺寸，W和D是柱子的形体尺寸。

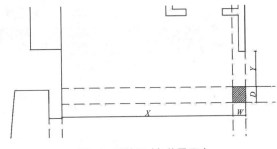

图2-2　形体尺寸与位置尺寸

尺寸的记录方法应尽可能准确明了，如窗户的高度1100～2500mm，则记为"Ch1100～2500"。也可以用文字记录，方法因人而异。

空间形态不同，测量方法也不同。常见的矩形空间方正度较好，测量相对容易，如图2-3所示。多边形空间、异形空间的测量一般采用三角形测量法。确定三个关键点，测量三个点构成的三角形尺寸（三边长度），通过CAD绘图即可画出三角形和求出角度。三角形测量法基于几何学中的三角关系，是利用三角形的内角、外角和边长比例等性质求解未知量的方法。

图2-4为多边形空间的测量草图及CAD绘制的平面图。如果仅仅测量每条边的长度，是不能画出房型图的。利用三角形测量法，选择任意辅助点A和D，测量△ABC和△DEF的边长，即测出了∠α和∠β，就能准确画出多边形空间的形状。

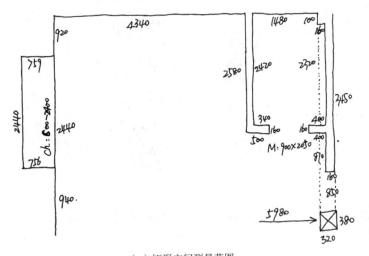

（a）矩形空间测量草图

🎓 **学习思考**

Q9. 如何理解空间测量不是平面测量？

Q10. 三角形测量法的数学原理是什么？

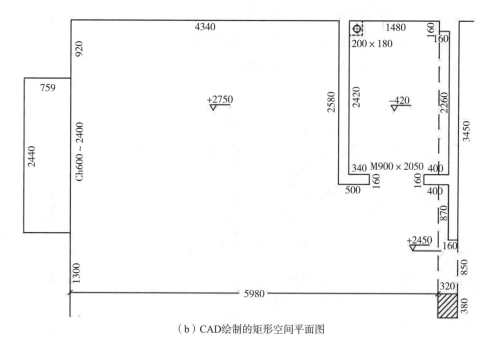

（b）CAD绘制的矩形空间平面图

图2-3 矩形空间的测量草图及平面图

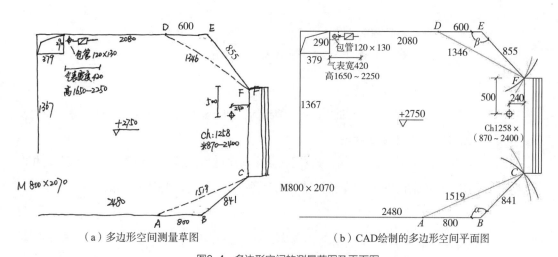

（a）多边形空间测量草图　　　　　　　　　　（b）CAD绘制的多边形空间平面图

图2-4 多边形空间的测量草图及平面图

🎓 **学习思考**

Q11. 图2-4（a）中，如果*CF*不是垂直边，该房型应测量哪些参数？

图2-5为弧形空间的测量草图及平面图。要测量弧度和形状，至少需要在弧形上找三个点，然后利用三点画弧画出其形状。弧形上找点时，一般2个端点加上中部任意1点即可，中部的这个点和两个端点构架三角形来测量定位。如果想更精确测量弧度和形状，可以多测量几个点，用三角形测量法定点的位置，然后过多点画弧（SPL命令）即可。

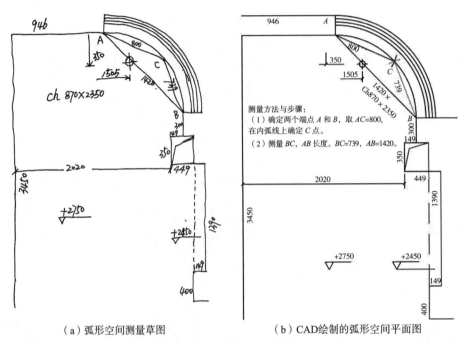

（a）弧形空间测量草图   （b）CAD绘制的弧形空间平面图

图2-5　弧形空间的测量草图及平面图

第三步：检查复核尺寸。尺寸的测量是个细致活，初次量尺难免会遗漏一些尺寸，所以复核、检查所测量的尺寸是十分必要的。

从图2-1的量房结果可以看出，厨房空间在整个房中的面积较小，但测量内容较多，相对复杂，所以厨房等特殊的空间可以单独画草图后测量并记录尺寸，如图2-6所示。

🎓**学习思考**

Q12. 三点测量法绘制的弧形空间与多点测量法绘制的弧形空间，哪个精准度更高？

Q13. 简述局部空间单独测绘的好处。

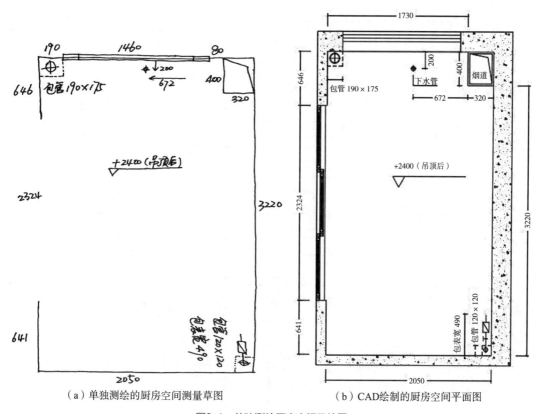

（a）单独测绘的厨房空间测量草图　　　　　（b）CAD绘制的厨房空间平面图

图2-6　单独测绘厨房空间及绘图

三、定制家具尺寸的确定方法

定制家具尺寸的确定一般参考以下几个方面。

❶ 空间尺寸

定制家具是"量体裁衣"，所以家具尺寸首先必须满足空间尺寸的要求，这主要用于确定家具的整体尺寸，即总长度、总高度、总深度。

由于定制家具制作与安装是分离的，即工厂定做、现场安装的模式，而工厂制作会产生一定的误差，安装拼合也可能出现误差，所以制作安装尺寸有可能会大于实际尺寸。为了避免这种情况的发生，总体尺寸应适当缩减，特别是嵌入式安装的家具产品。

尺寸的缩减要考虑墙体的垂直度。垂直度高的空间，家具尺寸缩减量可以小一点，一般20mm左右；如果墙体垂直度较差，柜体尺寸可以缩减得大一些，也可以用封板调节，如图2-7所示。

🎓 **学习思考**

Q14. 定制家具设计时为何要缩尺？

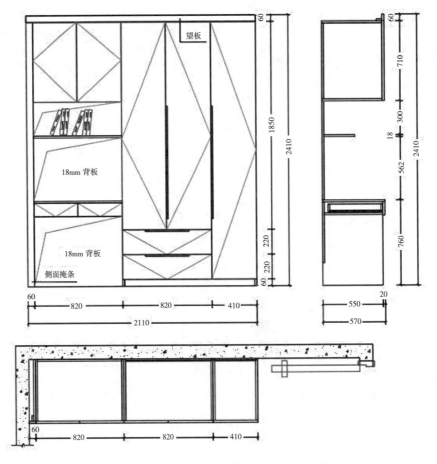

图2-7　封板、望板调节缝隙处理

❷ 家具国家标准和人体工程学

定制家具的总尺寸应与空间大小相匹配，而局部尺寸应符合国家标准和人体工程学。与定制家具相关的部分常用尺寸见表2-2。

🎓学习思考

Q15. 定制家具利用封板、望板调节尺寸的好处？

表2-2　常用的家具尺寸标准（部分）　　　　　单位：mm

家具类型	尺寸及示意图		尺寸要求
衣柜		折叠衣物净深 T_1	≥ 450（GB 规定）
		挂长衣净高 H_2	≥ 1400（GB 规定）
		挂短衣净高 H_2	≥ 900（GB 规定）
		挂衣杆上净高 H_1	≥ 40（GB 规定）
		抽屉深度 T_2	≥ 400（GB 规定）
		抽屉离地高度 H_3	≥ 50（GB 规定）
		抽屉安装高度 H_4	≥ 1250（GB 规定）
		包脚高度 H_3	≥ 50（GB 规定）
		亮脚高度 H_3	≥ 100（GB 规定）
		镜子高 H_4	≥ 1250（GB 规定）
		移门衣柜深度	600 ~ 650（行业经验）
		抽屉面板高度	200 左右（行业经验）
		收纳盒面板高度	100 左右（行业经验）
		裤架面板高度	80 左右（行业经验）
		顶柜高度	600 左右（行业经验）
		底柜高度	2000 ~ 2200（行业经验）
		层板间距	300 ~ 400（行业经验）
书柜		B	600 ~ 900（ΔS：50）
		T	300 ~ 400（ΔS：20）
		H	1200 ~ 2200（第一级差 200；第二级差 50）
		H_5	≥ 230 或 ≥ 310
文件柜		B	450 ~ 1050（ΔS：50）
		T	400 ~ 450（ΔS：10）
		H	370 ~ 400；700 ~ 1200；1800 ~ 2200
		H_5	≥ 330
单层床		床面长 L_1	双床屏：1920，1970，2020，2120；单床屏：1900，1950，2000，2100
		床面宽 B_1	单人床：720，800，900，1000，1100，1200；双人床：1350，1500，1800
		床面高 H_1	有床垫：240 ~ 280；无床垫：400 ~ 440

续表

家具类型	尺寸及示意图		尺寸要求
床头柜		床头柜宽度 B	400～600（GB 规定）
		床头柜深度 T	300～450（GB 规定）
		床头柜高度 H	500～700（GB 规定）
		包脚高度	≥50（行业经验）
		亮脚高度	≥100（行业经验）
双层床		L_1	1920，1970，2020
		B_1	720，800，900，1000
		H_2	放置床垫：240～280；不放置床垫：400～440
		H_3	放置床垫：≥1150；不放置床垫：≥980
		L_2	500～600
		H_4	放置床垫：≥380；不放置床垫：≥200
双柜桌		B	1200～2400
		T	500～750
		H	760
		H_3	≥580
		B_4	≥520
		B_5	≥230
单柜桌		B	900～1500
		T	500～750
		H_3	≥580
		B_4	≥520
		B_5	≥230

续表

家具类型	尺寸及示意图	尺寸要求
单层桌		B : 900 ~ 1200
		T : 450 ~ 600
		ΔB : ≥ 100
		ΔT : ≥ 50
		H_3 : ≥ 580
梳妆桌		H : ≤ 740
		H_3 : ≥ 580
		B_4 : ≥ 500
		H_6 : ≥ 1600
		H_5 : ≤ 580
长方桌		B : 900 ~ 1800
		T : 450 ~ 1200
		H : 760
		ΔB : 50
		ΔT : 50
		H_3 : ≥ 580
长方凳、方凳、圆凳		B_1 : 长方凳 ≥ 320；方凳 ≥ 260
		D_1 : ≥ 260
		T_1 : ≥ 240
		ΔS : 10
方桌、圆桌		B 或 D : 600, 700, 750, 800, 850, 900, 1000, 1200, 1350, 1500, 1800（其中方桌长 ≤ 1000）
		H_3 : ≥ 580
普通吊柜		W : 1.5M, 2M, 3M, 4M, 4.5M, 5M, 6M, 7M, 7.5M, 8M, 9M
		D : 3M, 3.5M, 4M
		H : 4M, 5M, 6M, 7M

续表

家具类型	尺寸及示意图	尺寸要求
吸油烟机吊柜	W	6M，7.5M，9M
	D	3.5M，4M
	H	3M，5M，7M
调料柜	W	3M，5M，6M，7M，8M，9M
	D	1.5M，2M，2.5M，3M
	H	2.5M，3M，3.5M
操作台柜	W	1.5M，2M，3M，4M，4.5M，5M，6M，7M，7.5M，8M，9M，10M
	D	4.5M，5.5M，6M，6.5M（台面深）
	H	8M，8.5M，9M
灶具柜	W	6.5M，7.5M，8M，9M
	D	4.5M，5M，5.5M，6M（台面深）
	H	6.5M，8M，8.5M，9M
水槽柜	W	6M，8M，9M，10M
	D	5M，5.5M，6M（台面深）
	H	8M，8.5M，9M
高立柜	W×D×H	（300～900）×（350～600）×（1000～2300）
中立柜	W×D×H	（300～900）×（200～600）×（600～1500）
组合厨柜	地柜宽度 W	150，200，300，400，450，500，600，700，750，800，900，1000
	地柜深度 D	450，500，550，600，650（台面深）
	地柜高度 H	650，800，850，900
	踢脚板高度	≥80
	踢脚板凹口	≥50
	后挡水高度	≥30
	地面至吊柜底部距离	≥1400
	地柜与吊柜顶面距离	≥2100
	水槽与灶具间最小距离	≥400
	上线板高度	≥25
	下线板高度	≥30
	吸油烟机罩口底边与灶眼间距	650～750
	灶具耐热安放表面（两侧）	≥300
	灶具与墙面侧面距离	≥150

注：（1）吊柜/地柜尺寸模数系列：M=100。
　　（2）地柜宽度为单体柜的宽度。

❸ 材料与安装因素

定制家具常用人造板作基材，如刨花板、多层板、中密度纤维板等，常用厚度为16，18mm。柜体的宽度尺寸受到板材静曲强度及变形等因素的影响，一般不宜设计过大，特别是承重要求高的柜体，如书柜、厨柜、餐柜等柜体的宽度通常控制在800～900mm。

定制家具设计的成本控制也是应该考虑的重要因素，国产常用人造板幅面规格为1220mm×2440mm，按照300，400，600mm的模数确定尺寸，有利于节约材料和降低成本。

定制家具需要现场安装，超宽或超高的大型柜体会给安装带来麻烦，因此大型组合柜应尽可能设计为多单体柜组合，如衣柜、厨柜、衣帽间等。

密度板、刨花板的密度较大，门板铰链承重有限，因此门板宽度应控制在400mm左右，门板高度控制在2000mm左右。

❹ 美学

比例与尺寸的美学原理是所有产品设计都应遵循的基本规律。

在定制家具设计中，要处理好家具整体尺寸（宽、高、深）间的比例关系及家具尺寸与空间环境的比例关系。创建美观并与环境协调的家具尺寸，是定制家具设计把握整体尺寸的重要方法。

家具部件的比例与尺寸、部件与部件间的比例关系也是定制家具设计应考虑的重要因素，如门板和抽屉的宽度与高度、台面（顶板）厚度和包脚高度与家具总高度等，这是家具内部分割的重要参考。

数学比例在家具设计中的应用广泛，如办公桌面的尺寸习惯用2∶1的比例，如1200mm×600mm，1300mm×650mm，1400mm×700mm，1600mm×800mm等。整数的平方根比例如$\sqrt{2}∶1$，$\sqrt{3}∶1$等也是常用的数学比例，如餐桌的桌面尺寸1400mm×820mm，1200mm×700mm等。黄金比例1∶0.618用于家具长方形部件的设计。该比例既避免了正方形的呆板，又具有长度上的方向性，端庄中彰显着活跃。

在定制家具设计中，应处理好家具整体与空间环境、家具整体与部件、家具部件与部件间的尺寸与比例关系，处理好上下、左右、前后三个维度的尺寸关系。以"数"为依据，兼顾材料、结构、加工、安装、人体工程学等多方面因素，科学合理地确定家具的尺寸及比例。

四、住宅空间平面布置图的绘制

使用CAD绘制房型图，可以按以下步骤进行。

🎓 **学习思考**

Q16. 为什么定制家具的宽度宜按照300，400，600mm的模数设计？

Q17. 家具设计常用的数学比例有哪些？

步骤一：调用或新建样板文件，并设置绘图参数，避免每次绘图时重复设置而浪费时间。设置内容包括图形单位、图层、线型、文字样式、标注样式、引线样式等，各项参数的一般设置如图2-8所示。

步骤二：根据测量的尺寸，画出房型内部墙体图。绘制墙体时使用PLINE或L命令画图，同时按F8按键打开正交模式。

步骤三：利用OFFECT（偏移）命令，绘制墙体厚度，利用墙体、内窗完成空间的分隔。一般外围墙体厚度280~300mm，内部砌块墙体厚度160~180mm，轻质隔断墙体厚度100mm（选用Q75型轻钢龙骨）。

室内空间布置从空间分隔开始，由于厨房、卫生间的形态位置固定，所以从厨卫开始分隔。首先将整个空间大致划分为厨卫（1厨2卫、1厨1卫、2厨2卫）、房（1房、2房、3房、4房等）、厅（客厅、餐厅、门厅）等部分，并完成墙体、门窗的绘制。

（a）图形单位设置

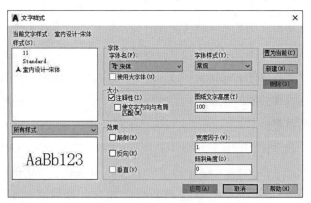

（b）新建室内设计文字样式

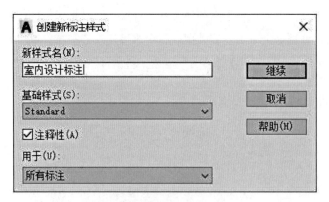

（c）新建室内设计标注样式

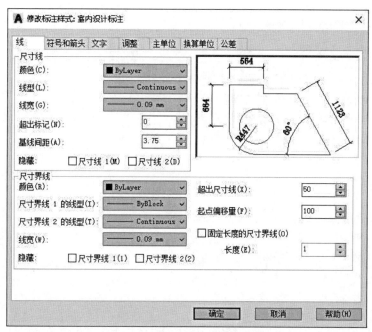

（d）室内设计标注——线型设置

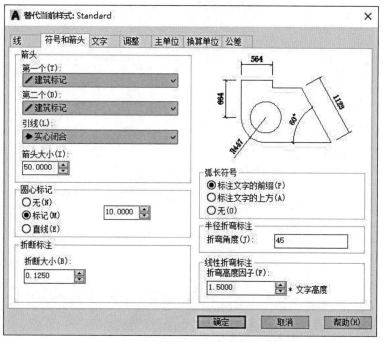

（e）室内设计标注——符号与箭头设置

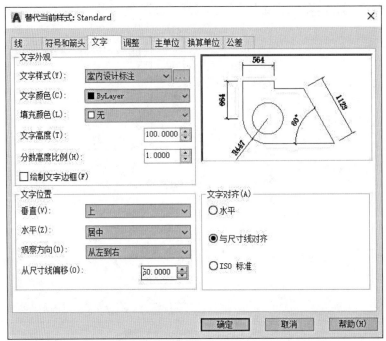

（f）室内设计标注——文字设置

（g）室内设计标注——调整设置

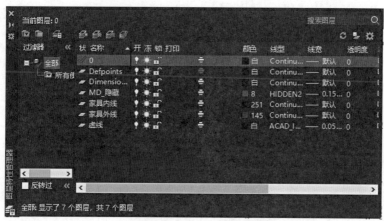

（h）室内设计——图层设置

图2-8　CAD绘制房型图的一般参数设置

优化空间，合理布局，使室内面积得以充分利用，使用起来才会更方便。优化布置要抓住交通空间（室内通道、活动空间等）这一主线，分析每个空间的朝向和面积，门的开启、通风，主要家具布局等，对于不合理的因素寻找最佳的解决办法。

步骤四：画出梁、柱、烟道、门窗等细部结构，完善平面图的绘制。

步骤五：完成房型尺寸的标注。

步骤六：规划室内家具布置，确定家具的平面尺寸（宽度、深度）。

选用家具模块是快速绘制布置图的关键，但是模块尺寸不一定与空间环境相匹配，即不是所需要的尺寸，所以要修改模块尺寸然后放置在平面图中。

模块尺寸的修改可以采用SCALE命令等比缩放，或者分解（分解命令为X）后拉升缩放（拉伸命令为S）。绘制室内平面布置图的过程如下，见图2-9至图2-11。

❶ 按照测量尺寸逐段绘制内部墙体图，弧形部分按照所测量的三角形尺寸绘制。

❷ 绘制墙体、柱、梁、窗等，并标注主要尺寸。

❸ 绘制空间布置图，并标注空间主要尺寸和家具俯视尺寸（宽度和深度）。

🎓 学习思考

Q18. 空间布置设计的一般顺序是什么？

Q19. 简述空间布置优化设计的主要内容。

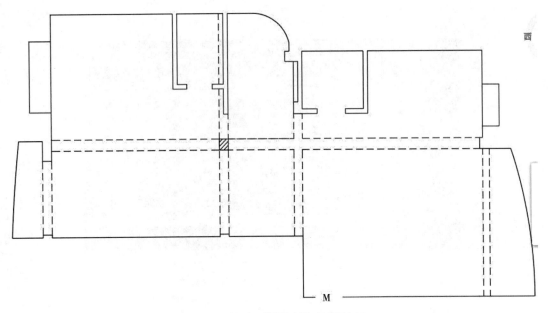

图2-9　依据测量草图绘制的房型图内部

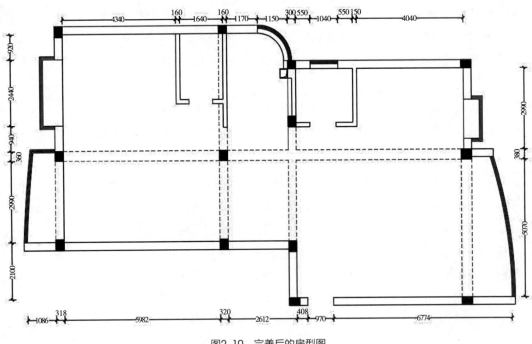

图2-10　完善后的房型图

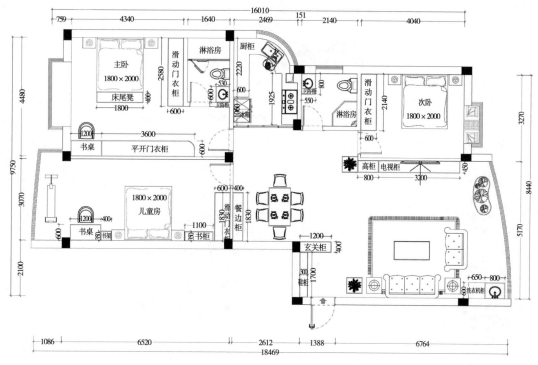

图2-11　室内空间平面布置图的绘制及家具尺寸确定

▌ 任务实施

该任务是定制家具设计的第一步——量房确定家具尺寸。为顺利完成该任务，可以按以下步骤实施。

步骤一：理论学习，掌握确定家具尺寸的理论知识。

步骤二：量尺方法训练，以规则的矩形空间、不规则的矩形空间、多边形空间、弧形空间为例，训练学生测量各种空间尺寸及绘制平面图的能力。

步骤三：以某居住空间为例，综合训练空间尺寸测量及平面图绘制、家具尺寸确定的综合能力。

量尺、绘图、确定家具尺寸三个环节可以采取分组完成与个人独立完成相结合的方式，先分组实施步骤二，再个人独立完成步骤三。

▌ 归纳总结

❶ 知识梳理：该任务包含的主要知识如下。

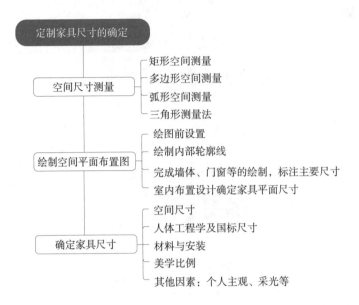

❷ 任务总结：图2-1量房后绘制的空间平面布置图及家具尺寸见图2-11，其中全屋定制家具的尺寸见表2-3。

表2-3　图2-1居住空间全屋定制家具平面尺寸　　　　　单位：mm

序号	家具位置 + 名称	家具尺寸（宽 × 深）
1	门厅鞋柜	1700×300
2	门厅玄关柜	1200×400
3	客厅电视柜组合	4000×450
4	餐厅餐边柜	1830×400
5	主卧滑动门衣柜	2580×600
6	主卧书桌 + 平开门衣柜	4800×600
7	次卧滑动门衣柜	2140×600

🎓学习思考

Q20. 滑动门衣柜深度600mm的确定依据是什么？

Q21. 书柜深度350mm的确定依据是什么？

续表

序号	家具位置＋名称	家具尺寸（宽 × 深）
8	儿童房滑动门衣柜	1830×600
9	儿童房书柜	1100×350
10	儿童房书桌书架组合	1600×600
11	主卫卫浴柜	600×530
12	客卫卫浴柜	800×550
13	阳台洗衣机柜组合	1450×600
14	厨柜（U型）组合	（地柜6455+吊柜3790）×600

✿ 拓展提高

一、多边形空间平面布置图的绘制及家具尺寸确定

图2-12为多边形厨房空间测量图，其厨柜布置的一般方法如下。

第一步：根据图2-12厨房空间测量图画出房型图。

第二步：把房型图内墙面偏移600mm，得到厨柜台面边缘轮廓（即台面图），确定三个工作点，如图2-13（a）所示。

第三步：把台面边缘线向内偏移20mm（或内墙面向外偏移580mm），得到柜体的含门深度580mm，然后根据三个工作点的布置规划地柜构成。规划时先确定固定柜体尺寸，如水槽柜800~900mm，嵌入式消毒柜柜体600mm，米箱柜200~300mm，拉篮柜300~450mm等，然后确定转角柜和其他柜体，如图2-13（b）所示。

第四步：优化处理，尽可能将门板尺寸统一，尽可能减少异型柜体的数量，减小加工难度，并将三个工作点调整到精确位置。

第五步：用同样的方法完成吊柜的组合设计，如图2-13（c）所示。

通过上述设计，该套厨柜共设计地柜9个、吊柜5个，其中异型地柜2个、异型吊柜1个。

🎓 学习思考

Q22. 优化处理的目的是什么？一般包括哪些内容？

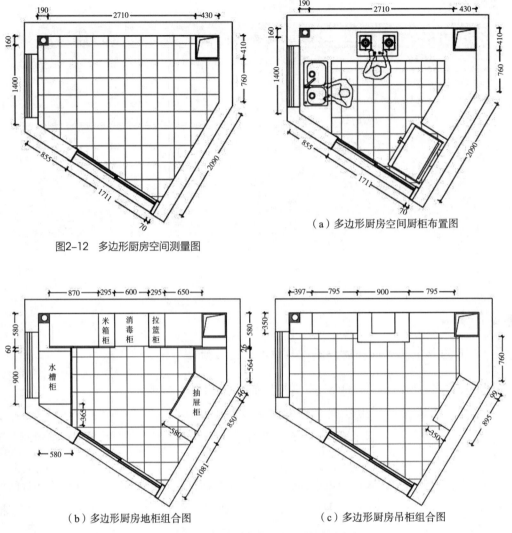

（a）多边形厨房空间厨柜布置图

图2-12 多边形厨房空间测量图

（b）多边形厨房地柜组合图

（c）多边形厨房吊柜组合图

图2-13 多边形空间布置设计及家具尺寸确定

二、弧形空间平面布置图的绘制及家具尺寸确定

图2-14为弧形厨房空间，其厨柜布置方法与多边形厨房一样。在处理弧形处时，采用模拟弧度的方法，用2～3个矩形柜体组合，组合后的柜体尽可能与弧度接近，图2-15为其设计过程。

🎓学习思考

Q23. 为什么灶台位于地柜所在面的中间位置？

Q24. 徒手绘制两个非标柜的轴测图。

Q25. 模拟弧度法的原理是什么？

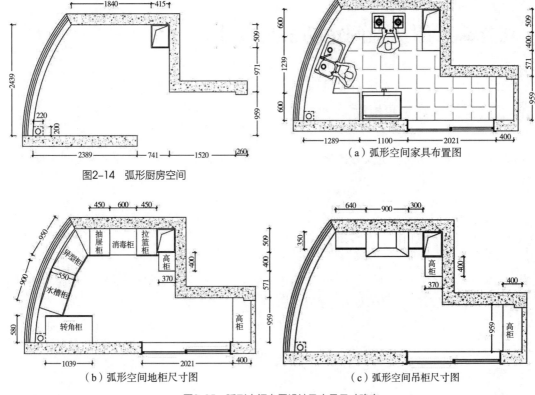

图2-14　弧形厨房空间

（a）弧形空间家具布置图

（b）弧形空间地柜尺寸图

（c）弧形空间吊柜尺寸图

图2-15　弧形空间布置设计及家具尺寸确定

▌巩固练习

根据给定的某住宅空间的测量草图（图2-16），绘制其平面布置图，并确定家具的主要尺寸。

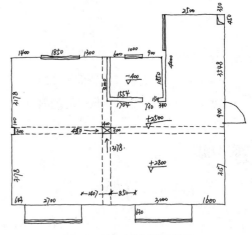

图2-16　某住宅空间测量草图

🎓 **学习思考**

Q26. 徒手绘制异型地柜的轴测图。

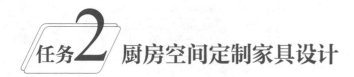

任务描述：定制厨柜设计

图2-17为某厨房空间的尺寸测量草图，完成其厨柜设计，并总结厨房空间定制家具设计的一般规律及方法。

任务分析

中式厨房的空间面积不大，但功能要求高，家电集中，规格形式多种多样。厨房空间的定制家具设计，包括平面布置与功能设计、厨房立面设计、厨房水电气规划设计、厨柜结构设计等。完成该任务应具有如下知识与技能。

▌知识目标

❶ 掌握厨房布置与功能设计的专业知识。
❷ 掌握厨房水电气规划布置与设计的专业知识。
❸ 掌握厨柜结构设计的专业知识。

▌技能目标

❶ 具有厨房布置与功能设计的能力。
❷ 具有厨房水电气规划布置与设计的能力。
❸ 具有厨柜尺寸、结构设计的能力。

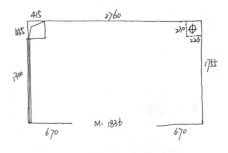

图2-17　某厨房尺寸测量草图

知识与技能

一、厨房的布置设计

厨房布置是以人体工程学为理论依据，以满足功能需要为基本出发点，对厨房进行全面规划的设计过程。厨房布置的具体步骤是：确定厨房类型──➤确定厨柜的布置形式──➤确定三个

🎓学习思考

Q1. 图2-17中"455×415"表现的是什么？

中心工作点的位置——➤厨房功能及区域的划分。

第一步：确定厨房类型。按照厨房的空间尺寸及功能规划，一般把厨房划分为以下三种类型。

❶ 独立式厨房——K（Kitchen）型厨房

K型厨房是指传统的封闭型厨房，餐厅与厨房独立分开，大多采用平开门、移动门分隔，

两个空间相对独立、相互影响小。该类厨房的缺点是烹饪者须独立于外部环境从事家务劳动，缺乏情感沟通与交流，长久会觉得烹饪的单调与劳累。从心理学的角度来看，这种传统意义上的厨房会使主人产生厌烦家务的心理情绪，对人的行为也会产生一些负面的影响。如图2-18所示，厨房与餐厅采用滑动门隔断，厨房是一个独立的室内空间。

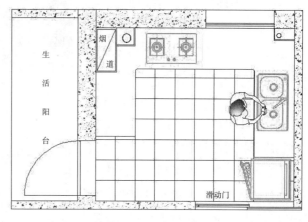

图2-18 K型厨房布置图

❷ 餐室厨房——DK（Dinner + Kitchen）型厨房

DK型厨房是指餐厨合一的整体厨房，且餐厅、厨房组合成一个封闭性的空间，就餐与烹饪布置设计在一起。这种厨房面积较大，消除了狭小独立式厨房空间的压抑与单调感，空间组合在一起，有效利用率高。烹饪佳肴由传统的主人一人的家务变成了几个人共同的家务。这种厨房便于沟通交流，是现代生活流行、提倡的厨房环境模式，如图2-19所示。

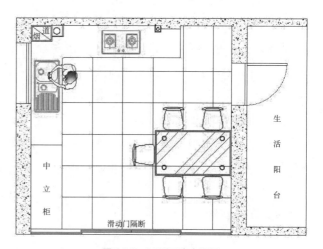

图2-19 DK型厨房布置图

图2-20为DK型厨房的效果图，厨房与弧形的西餐台连接起来，优雅的造型设计，简洁的中央脱排烟机，给现代人的厨房生活带来美的享受。

🎓 **学习思考**

Q2. 举例说明K型厨房的利与弊。

Q3. 举例说明DK型厨房的利与弊。

❸ 开放式厨房——LDK（Live+Dinner+Kitchen）型厨房

LDK型厨房是一个全开放或半开放的厨房环境，具有起居室、餐厅、厨房三合一的空间模式。三个空间组合在一起，面积更大、视野开阔，一家人在一起相互交流、相互配合、劳动合作分工，其乐融融，有利于营造和谐、美满的家庭气氛。三个空间组合起来，相互借用，空间利用率高，特适合经典小户型家居设计，如图2-21所示。

图2-20　DK型厨房效果图

确定厨房空间的类型，应该从房间的整体装饰进行考虑。目前中式厨房以封闭性为主，相对独立，主要是中式烹饪油烟较大的缘故。随着先进的排烟方式、大功率抽油烟机的出现，排烟设施的不断改进，开放厨房的流行势在必行。因为开放式厨房更能体现家的温馨与和谐，更能让高负荷生活的现代都市人释放自由与浪漫，更好地品味现代生活的乐趣。

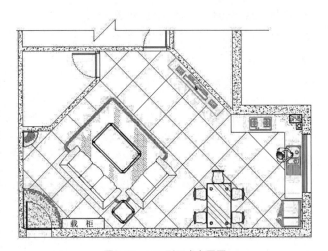

图2-21　LDK型厨房布置图

第二步：确定厨柜的布置形式。按照厨房空间的大小，厨柜一般有以下几种布置方式。

❶ 单列型厨柜

单列型厨柜又称单排型或Ⅰ型厨柜，适合于狭长型的厨房布置，三个

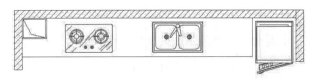

图2-22　单列型厨柜

工作中心点、三个区域一字形式依次排开，活动路线较长，如图2-22所示。

❷ 双列型厨柜

双列型厨柜又称双排型或Ⅱ型厨柜，适合于宽度>2000mm的通道型厨房，灶台、水槽相

🎓 **学习思考**

Q4. 分析图2-21的LDK型厨房的利与弊。

对排列，冰箱根据操作空间的大小等因素确定合适的位置，如图2-23所示。

❸ L型厨柜

L型厨柜适合于宽度<2000mm的厨房空间，如图2-24所示，灶台与水槽可以设置在同一边，也可以设置在不同边上，具体根据冰箱的位置来确定。

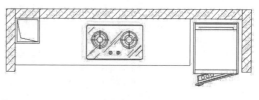

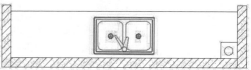

图2-23　双列型厨柜

❹ U型厨柜

U型厨柜是一种最为理想的布置形式，如图2-25所示，三个中心工作点各自分布在一条边上，三个区域既有一定的范围，又相对集中，活动路线较短。U型厨柜的宽度应>2000mm，中间宽度≥800mm。

❺ 岛型厨柜

岛型厨柜一般适合于空间较大的厨房环境，如图2-26所示，一般以灶台、水槽或餐台作为岛，以岛为中心，合理规划布置其他两个或三个工作点。

❻ 异型厨柜

异形厨房是指墙面非直角或非直线过渡的厨房空间。这种异形厨房一般都是按照厨房的形状，将厨柜沿墙壁布置。由于厨房电器、配件、厨柜柜体等都以矩形形状居多，所以设计异型厨柜的关键点就是如何把这些矩形配件、电器合理地规划其中，如何以最多的矩形柜体布置好厨房空间（尽可能减少非矩形柜体的加

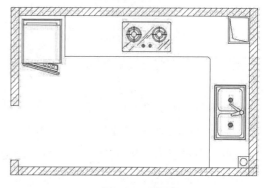

图2-24　L型厨柜

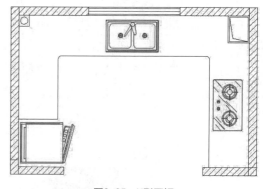

图2-25　U型厨柜

工），如何充分利用转角空间。图2-27为一种异型厨柜的布置图，其布置设计与厨房内部轮廓一致，冰箱、水槽、灶台各居一边。

以上只是几种基本的厨柜布置形式，在实际的整体厨柜设计过程中，也可能采用两种基本形

📚 **学习思考**

Q5. 估算一下单列型厨柜的大致长度应不小于多少？

Q6. 布置双列型厨柜的厨房宽度应>2000mm的依据是什么？

Q7. 为什么通常把宽度2000mm作为L型和U型厨柜的分界尺寸？

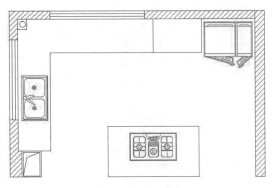

图2-26 岛型厨柜

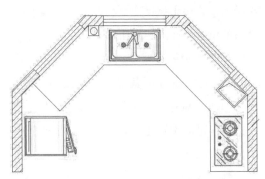

图2-27 异型厨柜

式进行组合设计的方式。图2-28是某厨房的效果图，它是一款DK型厨房，其布置为"I＋T"的组合。

　　通常情况下，厨柜布置一般是沿着墙壁设计，充分利用墙面空间，避免厨柜占据厨房中部空间。但对于餐厨合一、厨吧合一的大型厨房空间，往往都是以岛为中心，围绕岛作布置设计。三个中心点应集中，避免冰箱、水槽、灶台三者之间相距太远，使人来回走动的路程太大，加重人的劳动强度。

图2-28 某DK型厨房效果图

　　第三步：确定三个中心工作点的位置。由于中西文化的不同，中餐的加工流程不同于西餐，其加工主要集中在以下三个工作点。

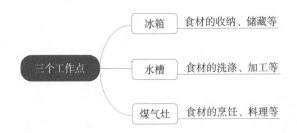

　　冰箱、水槽、煤气灶被称为厨房三个中心工作点。这三个工作点连接起来即形成一个三角形区域，习惯称之为工作三角区，如图2-29所示。三角区的面积越大，表明用户在厨房工作

🎓**学习思考**

　　Q8. 岛型厨柜以岛为中心布置的依据是什么？

　　Q9. 异型厨柜布置的一般原则是什么？

　　Q10. 厨房的三个工作点确定的依据是什么？

时的活动量就越大；面积过小，表明厨房布置过于紧凑，使用不方便。因此，一般认为三角形边长之和不超过6.7m，以4.5～6.7m为宜。

❶ 水槽

水槽是三个工作点的中心，其位置的确定以进水、排水管的位置为重点，要兼顾采光、操作方便等要素综合确定，并注意以下几点。

◆ 充分考虑厨房下水是确定水槽位置的关键。

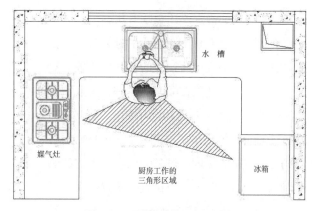

图2-29　厨房工作的三角形区域

◆ 水槽柜不应靠近角落或超过转角位置，要确保人使用时有一定的活动空间。

◆ 水槽柜两边最好留有合适的台面空间，满足配餐加工、料理所需要的位置。

◆ 水槽柜下方可以设计垃圾处理器、净水器、小厨宝等小型电器。

◆ 水槽柜附近设计垃圾处理器或垃圾桶。垃圾桶分为三种：内置垃圾桶、台面垃圾桶、水槽自带垃圾桶。

◆ 放置锅、碗、盘的消毒柜或功能拉篮不宜远离水槽。

❷ 煤气灶

煤气灶位置的确定应该考虑烟机的安装、煤气灶进气、烟机排气等因素，并注意以下几点。

◆ 确保墙面有足够的烟机安装位置，欧式烟机宽度≥900mm。

◆ 遵循靠近烟道、煤气表的原则。进气、排气管道布置过长，一方面有安全隐患，另一方面可能影响进气或排气效果。

◆ 遵循烟机与煤气灶正对布置的原则。确定煤气灶位置时，一定要两者结合起来考虑，不能顾此失彼。

◆ 保持与水槽合适的距离。烹饪过程中随时可能需要用水，距离太远会造成操作不便。

◆ 调味瓶、锅、碗、盘应收纳于此，确保烹饪过程中随时取用的方便性。

◆ 灶台不要设计靠近墙角、墙边，避免锅边靠近墙面；也不要超过厨柜转角位置，影响人的操作与使用。

🎓 学习思考

Q11. 水槽位置的确定要优先考虑什么因素？

Q12. 煤气灶位置的确定要优先考虑什么因素？

❸ 冰箱

冰箱位置的确定要注意以下几点。

◆ 冰箱的尺寸与厨柜尺寸的关系。根据冰箱宽度，厨柜设计时预留的空间要合理。双门、三门冰箱的宽度在600mm左右，一般预留700mm宽的位置；对开门冰箱的宽度有800，900，1000mm等，预留冰箱宽度+100mm左右的宽度。冰箱的深度超过600mm时，考虑散热等因素，冰箱实际的摆放位置一般都会突出厨柜台面（一般台面深度600mm），对人的活动有一定的影响。冰箱高度1500～1800mm时，吊柜高度一般是1600～2300mm。因为冰箱高而深，所以冰箱上面一般不设计吊柜，如图2-30所示。

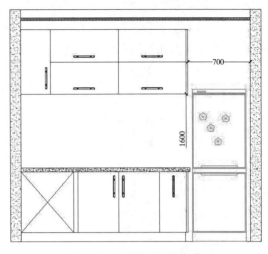

图2-30　冰箱的位置图（1）

◆ 根据厨房的操作流程，冰箱一般靠近水槽的一侧。如果水槽附近空间太小，影响操作所需的台面空间时，冰箱的位置就另行考虑，如图2-31所示。

◆ 厨房的内凹空间是放置冰箱较为理想的场所。

◆ 冰箱宜放置在通风、散热状况良好的场所，要避免阳光直射。

◆ 冰箱一般都是外开门，开启需要一定的空间，设计时要注意门的开启方向。

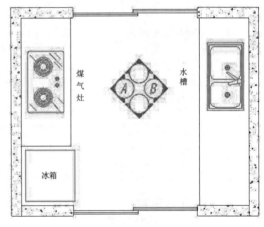

图2-31　冰箱的位置图（2）

第四步：厨房功能及区域的划分。围绕以上三个工作点将厨房划分出烹饪区、洗涤区、储藏区三个功能区域。每个区域都应该考虑配套的储藏空间、收纳空间和操作空间，以满足三个中心工作点所需要的材料、工具和工作空间。图2-32表示出了每一区域应该具有的基本功能。

厨房立面工作区域的划分应以人体工程学为理论依据，分析厨房的操作空间、活动空间，使厨房布置合理、功能区域合适，如图2-33所示。

🎓 学习思考

Q13. 冰箱位置的确定要优先考虑什么因素？

Q14. 三个工作点和三个功能区有何关系？

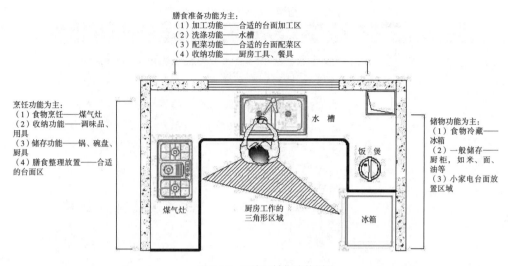

图2-32　厨房区域与功能划分

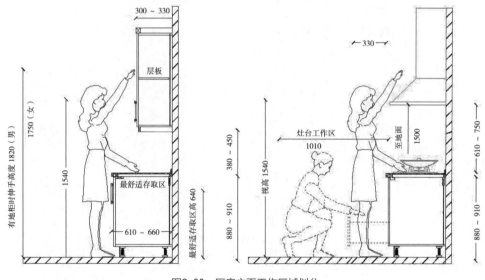

图2-33　厨房立面工作区域划分

二、厨柜的功能设计

厨柜的功能包括食材储藏、洗涤、加工、烹饪等基本功能，也包括与其配套的工具和设施的位置、安装及使用等辅助配套功能，如小厨宝、消毒柜、炉台拉篮、厨房挂架、厨房小家电等辅助配套设施。常见的厨柜功能的规划与设计方案见表2-4。

🎓**学习思考**

Q15. 根据图2-33，吊柜安装的合适高度为多少？

Q16. 根据图2-33，地柜的合适高度为多少？

表2-4 厨柜功能的规划与设计

序号	功能	规划与设计方案
1	食材冷冻	冰箱：根据厨房空间的大小选择，一般放在厨房角部、端头等，特殊情况可放在其他地方
2	食材保鲜冷藏	
3	大米	内置不锈钢米箱，米箱柜宽度 200 ~ 300mm
4	常温调味瓶、食材等	高身拉篮柜、吊柜、地柜抽屉、转角拉篮等
5	调味品	◆ 地柜调味拉篮或抽屉，拉篮柜宽 200，300，400mm 等 ◆ 调味品挂架
6	小件物品、工具	抽屉
7	碗盘、筷	◆ 消毒柜：内嵌消毒柜（炉灶下方）、卧式消毒柜（吊柜下方）、立式消毒柜（台面上） ◆ 炉台拉篮：炉灶下方
8	小家电、锅等	地柜内的层板柜
9	食材洗涤	水槽：独立水槽柜
10	冷热水	小厨宝，水槽柜内
11	纯净水	净水器，水槽柜内
12	垃圾处理器	水槽下水接口
13	垃圾桶	◆ 地柜内置：水槽柜内 ◆ 台面垃圾桶：台面开孔，水槽旁边
14	烹饪	炉灶：按照气源选择，台面内嵌煤气灶、集成灶等
15	油烟机	中式、欧式、近吸式等，炉灶正上方
16	电饭煲	台面上
17	微波炉	◆ 地柜内置：地柜下部抽屉、上部微波炉，柜宽 550 ~ 600mm ◆ 吊柜下方挂置：专用微波炉架 ◆ 地柜台面上
18	煤气表	◆ 地柜内置：通风，不设计背板 ◆ 吊柜内置：独立的气表柜，宽度 500 ~ 600mm，无背板、门板，宜通风或顶部通风

❶ 储藏与收纳功能

储藏与收纳功能是厨柜三大基本功能之一。储藏是指生活物资的存放，如食品、蔬菜等，包括冷藏、常温储藏两种；收纳是指食物加工过程中常用或即取即用的厨房用具、厨房餐具、厨房小家电、调味品等物品的放置。

◆ 食材冷藏：冰箱是冷藏食物的主要场所，按其安装要求分为外置冰箱、嵌入式冰箱两种。

外置冰箱设计时，只需在厨柜中预留适当的空间位置即可，冰箱与厨柜相对独立，相互制约性小，这是大众化、广泛选用的冷藏方式。但由于冰箱颜色与厨柜门板颜色不一致，外置冰箱的整体视觉效果较差。

嵌入式冰箱是指与厨柜构成整体的制冷家电，冰箱与厨柜是相关联的、不能分离的。制作时需要按照冰箱尺寸配置门板（与厨柜相同的门板）和柜体，与厨柜形成一致化的视觉效果。

表2-5及图2-34是冰箱的设计处理方法。图2-35为某嵌入式冰箱的处理方式，柜体尺寸、结构应按照嵌入式冰箱的安装要求进行设计，确保通风、散热效果满足要求。

表2-5 冰箱预留尺寸参考 单位：mm

序号	冰箱样式	冰箱常用尺寸	设计处理方法
1	普通双门冰箱	以600×600×1700的冰箱尺寸为例	◆ 宽度700左右（大于冰箱宽度100的预留尺寸） ◆ 冰箱高度超过1600，上方一般不设计吊柜，可以设计装饰层架；如低于1600则可以设计吊柜
2	对开门冰箱	以900×730×1790的冰箱尺寸为例	◆ 宽度1000左右（大于冰箱宽度100的预留尺寸） ◆ 上方不设计吊柜，可以设置装饰层架
3	嵌入式冰箱	按具体冰箱尺寸设计柜体、门板，并考虑通风、散热、安装、使用条件等	

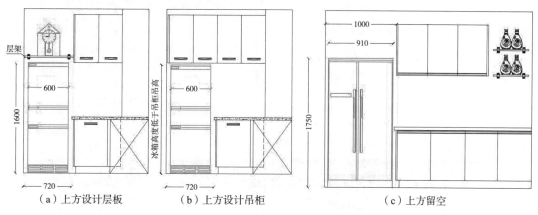

（a）上方设计层板　　　　（b）上方设计吊柜　　　　（c）上方留空

图2-34 冰箱顶部的处理方式

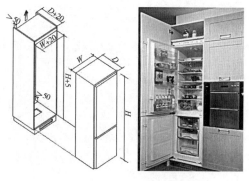

图2-35 某嵌入式冰箱的处理方式

🎓**学习思考**

Q17. 冰箱顶部空间的设计处理方式有哪几种？

◆ 食材常温储藏：一般利用柜体储藏，封闭性能好的立柜、地柜、吊柜都是理想的收藏场所。

◆ 高立柜、中立柜储藏：当厨房面积较大时，可以设计高立柜、中立柜储藏。单门高立柜内可以设置高身拉篮，双门高立柜可以设计大怪物储物架，也可以设计层板放置物品。图2-36为高身拉篮单立柜的安装、组件与柜体结构图。

如果需要一定的台面空间，设计中立柜也是十分可取的，尤其适合于上方放置小家电、装饰品的情况，如图2-37所示。

高立柜、中立柜的宽度、深度、高度应该满足拉篮、怪物架等配件的要求。如果设计层板立柜，尺寸则可依据具体情况确定。表2-6展示了常见立柜的设计尺寸。

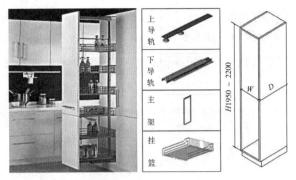

图2-36　高身拉篮单立柜

图2-37　有台面的中立柜储藏物品

表2-6　常见立柜的设计尺寸　　　　　　　　　　单位：mm

序号	立柜名称	高立柜规格（宽 W × 深 D × 高 H）	储物方式
1	单门高立柜	300/400/500/600×（550～580）×（1900～2200）	高身拉篮
2	层板高立柜	300/400/500/600×（400～580）×（1900～2200）	层板
3	单开门大怪物高立柜	450/500/600×（550～580）×（1900～2000）	单门怪物架
4	双开门大怪物高立柜	900×（550～580）×（1900～2200）	双门怪物架
5	双开门大怪物中立柜	900×（550～580）×1300	双门怪物架
6	双开门层板高立柜	700/750/800/850×（400～580）×（1600～2200）	层板
7	双开门层板中立柜	700/750/800/850×（400～580）×（1200～1400）	层板

🎓 **学习思考**

Q18. 食材常温储藏的方式有哪些？

Q19. 中立柜和高立柜相比，其突出的优点是什么？

立柜的柜体、门板设计可以参考图2-38。门板设计时，中立柜一般设计为整块门板；高立柜既可以设计为整块门板，也可以按照地柜门板的高度将其一分为二，分为上下两块门板或用连接件再拼接成一块整体门板，这样可以避免门板过长产生变形。

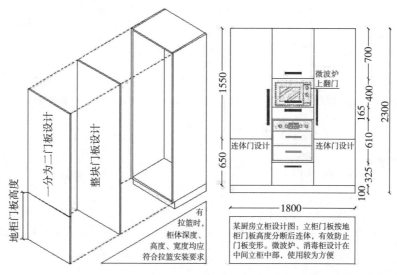

图2-38　立柜的柜体及门板设计

一般情况下，单独的立柜设计在厨柜端部。厨房较大时，可以设计一组立柜。立柜也可以靠近冰箱设计，使储藏区域更集中，如图2-39所示。

◆ 抽屉收纳：抽屉是使用极为方便的储物形式，欧式厨柜设计中十分注重抽屉的设计。厨柜的下部柜体空间都设计为抽屉，如图2-40所示。

图2-39　立柜的位置选定　　　　　　　图2-40　抽屉的设计

◆ 厨柜功能配件：厨柜的功能配件非常丰富，每一套厨柜都会配置常用的功能配件，如米箱、调味拉篮、炉台拉篮、垃圾桶等，其他的配件则可以根据需要适当配置。

米箱柜较窄（＜300mm），所以其一般布置在厨柜的端部或灶台下方消毒柜两边，图2-41为常见的两种布置形式。米箱柜体宽度常用的是200，250，300mm。调味品收纳一般选择在灶台旁边的位置，如地柜空间、吊柜下部空间均可。目前选用调味拉篮（多功能抽屉拉篮）收纳比较普遍，位置一般设计在灶台侧面。柜体宽度根据所选配的调味拉篮确定，消毒柜旁边一般配200mm的窄拉篮或侧拉篮，调味多功能拉篮选配400mm的柜体比较实用。

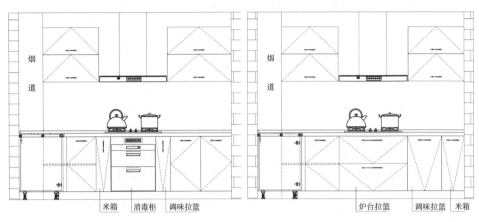

图2-41　米箱柜位置

锅、碗、勺、铲的收纳一般选择在灶台附近的地柜中，如多功能拉篮、带滤水盘的炉台拉篮、转角转盘、转角怪物架等，也可以采用厨房挂架收纳。图2-42的厨柜设计，采用180°转篮收纳锅、盆，消毒柜收纳碗、盘、筷、勺等，挂件收纳刀、铲、勺等。

刀类、菜板一般收纳于水槽附近，采用多功能拉篮、厨房挂件或置于台面上的刀叉架、抽屉的刀叉盒中予以收纳。抹布因有水，应该收纳在挂架之上。挂架的设计安装位置位于吊地柜中间的墙壁上，同时位于水槽附近，如图2-43所示。

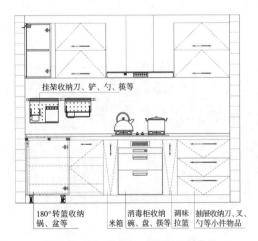

图2-42　锅、碗、勺、铲等物品的收纳

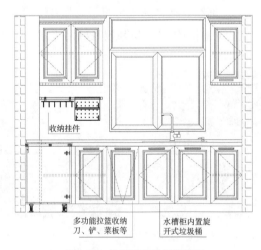

图2-43　挂架和垃圾桶的位置

🎓 学习思考

Q20. 地柜抽屉化设计的优点是什么？

Q21. 总结炉灶柜设计的常见形式。

　　垃圾桶一般设计在水槽附近，台面垃圾桶、柜内外翻式垃圾桶、柜内旋出式垃圾桶都是常用的形式。图2-43设计的厨柜选配旋开式垃圾桶，设计在水槽柜下方。

◆　厨房小家电：包括电饭煲、微波炉、小厨宝、净水器、消毒柜等。

　　电饭煲使用非常频繁，一般放置在台面上。放置的位置距离水槽、灶台须保留适当的距离，避免水热侵蚀，但不能影响台面上的操作加工、配菜加工等。电饭煲的用电插座应设计在附近，避免电线移动距离太长影响台面工作。

　　微波炉也是使用频繁的厨房小家电，由于体积较大，使用时会产生热量和水汽，而且还具有一定的放射性，其放置的方式一般有五种：吊柜下部放置、台面放置、地柜放置、微波炉支架挂置、高柜中部放置，如图2-44所示。

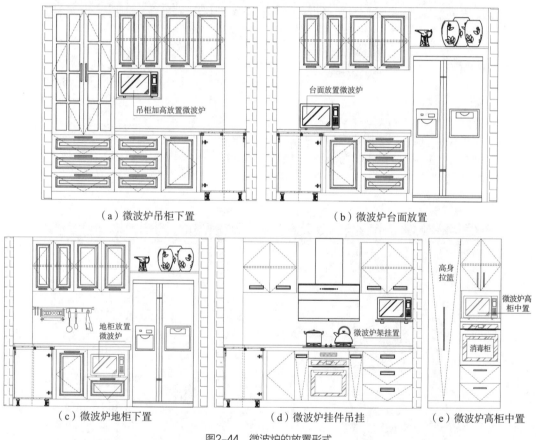

（a）微波炉吊柜下置　　　　　　　　　　（b）微波炉台面放置

（c）微波炉地柜下置　　　　（d）微波炉挂件吊挂　　　　（e）微波炉高柜中置

图2-44　微波炉的放置形式

🎓**学习思考**

　　Q22. 总结归纳锅、碗、勺、铲等小件厨房设施的收纳处理方式。

　　Q23. 总结水槽柜内部的设施规划。

　　Q24. 微波炉的位置与安装的处理方式有哪几种？

小厨宝是厨房热水的加热电器，一般设计在水槽柜内部空间，这样连接水路、维修都比较方便。

净水器用于自来水的过滤与净化，一般设计在水槽柜下部空间，与进水管并接，维修方便。

碗盘一般收纳在消毒柜中。消毒柜具有干燥、消毒等功效，其有立式、卧式、嵌入式三种。立式消毒柜，一般置于台面之上或地面之上，尺寸规格较多，厨柜设计只需要留有适当的空间即可。表2-7为卧式消毒柜的外形与设计安装要求。卧式消毒柜一般嵌装于吊柜之中，电插座设置在消毒柜顶柜内。表2-8为嵌入式消毒柜外形与设计安装要求。嵌入式消毒柜一般嵌装于地柜内、灶台下方或水槽附近，消毒柜的电插座应设计在消毒柜背后。

表2-7　卧式消毒柜

样式	常用规格/mm	设计形式举例
上翻门	600×325×400	
对开门	795×355×405	

表2-8　嵌入式消毒柜

样式	设计形式举例

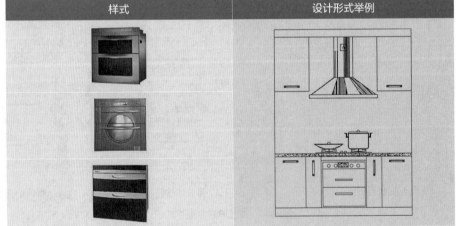

◆ 转角柜：在L型或U型厨柜里，都会存在一个组合重叠的转角处。在这个转角空间里，

🎓 学习思考

Q25. 总结归纳转角地柜的设计处理方式。

Q26. 转角柜抽屉设计如图2-48所示，分析该设计的利与弊。

储藏、取放物品都是十分不方便的，如果规划转盘、转筒，则能更好地利用转角空间，如图2-45至图2-48所示。

❷ 膳食准备功能

膳食准备功能以洗涤功能为主，包括洗涤、加工、配菜、料理等，均以水槽为核心，在水槽附近完成。

水槽按材质分为人造石水槽、不锈钢水槽两种，表2-9对两种水槽的性能特点进行了比较，可以根据自己的要求选择。

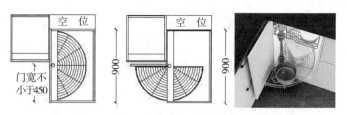

图2-45　转角柜180°转盘设计

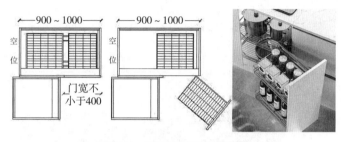

图2-46　转角柜小怪物拉篮设计

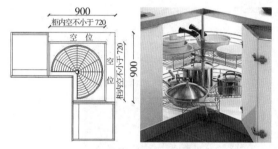

图2-47　转角柜270°转篮设计

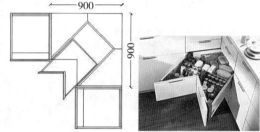

图2-48　转角柜抽屉设计

表2-9　水槽性能对比

序号	性能	不锈钢水槽	人造石水槽
1	视觉效果	一般台上安装，与台面颜色、材质不一样，视觉效果一般	一般台下安装，可以与台面同色、同材质，视觉效果较好
2	耐脏性能	耐脏性能好	要及时清洗，耐脏性不及不锈钢水槽
3	耐磨性能	作耐磨处理后的耐磨性能好	耐磨性能一般，较不锈钢水槽差
4	耐冲击性	耐冲击性能好	不耐重物冲击，可能致碎
5	耐久性	表面会有划伤、磨痕	会有轻微黄变，表面磨痕可重新处理
6	吸附性能	吸附性较小	吸附性较大，表面脏污后可砂磨处理
7	安装工艺性	安装简单	安装较为复杂

　　水槽按其与台面的安装方式，可以分为台上盆和台下盆两种。水槽的形式与安装见图2-49。

　　水槽柜柜体的宽度一般按照水槽的大小来确定，常见规格是800，850，900mm，在转角处时宽度应控制在1400mm以内。

　　水槽柜柜体的结构与普通地柜不同，一般安装前沿铝撑（铝合金型材代替前撑条），底板表面胶贴防水铝箔。水槽柜后方设置冷热进水管，水槽下方安装下水管，因此水槽柜通常不设置背板和层板。

　　水槽柜的门板一般设计为对开门，开启空间大，水管维修方便。内部可以配置水槽柜专用拉篮或抽屉，增加使用的方便性，也可以放置小厨宝、净水器等小家电，或者设置内置旋开式垃圾桶，如图2-50所示。

（a）不锈钢水槽台下盆　　　（b）不锈钢水槽台上盆

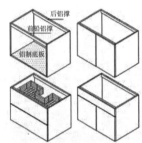

（a）水槽柜结构

（c）人造石水槽

（b）水槽柜抽屉

　　　图2-49　水槽的形式与安装　　　　　　图2-50　水槽柜规划设计

❸ 食材烹饪功能

　　食材烹饪功能以烟机、灶台为核心，其设计主要包括烟机灶具的选型设计、位置设计、柜体设计等。

🎓 学习思考

　　Q27. 举例说明不锈钢水槽的利与弊，并分析其改进措施。

　　Q28. 水槽柜的一般宽度为多少？

　　Q29. 水槽柜的防水湿措施有哪些？

◆ 抽油烟机：按照款型分为中式烟机、欧式烟机、近吸式烟机、中央脱排烟机等，见表2-10。烟机的材质有不锈钢板、喷涂钢板、玻璃等，样式也很多，推荐选用不锈钢和玻璃材质。

表2-10　常用抽油烟机形式　　　　　　　　　　　　　　单位：mm

烟机样式			
名称	不锈钢欧式油烟机	不锈钢欧式油烟机	弧形玻璃欧式油烟机
规格	900×525×（585～985）	900×525×（575～975）	900×530×（580～930）
烟机样式			
名称	壁（近）吸式油烟机	中央脱排油烟机	不锈钢欧式油烟机
规格	795×395×510	900×900×795	900×525×（585～985）
烟机样式			
名称	深筒中式吸油烟机	免拆洗中式吸油烟机	免拆洗中式吸油烟机
规格	750×470×380	720×485×385	696×496×365

◆ 灶具：分为煤气灶、电磁炉等，中式厨房一般使用煤气灶。煤气灶分为台式煤气灶、嵌装式煤气灶两种，用于整体厨柜的一般选用嵌装式煤气灶，按其进风方式的不同，有上进风、后进风、下进风等。煤气灶按照使用气源的不同，有液化气煤气灶、天然气煤气灶之分，选择时也要注意这一点。炉灶柜门板应该有通风口设计，确保煤气的正常使用。

🎓**学习思考**

Q30. 安装欧式烟机的吊柜设计时，预留的宽度不小于多少？

煤气灶与抽油烟机的位置要对中，如图2-51所示。

炉灶柜的宽度一般按照消毒柜、拉篮或抽屉等配件的尺寸设计，常用规格是600，760，800，900mm等。柜内配置嵌入式消毒柜、炉台拉篮、抽屉或层板等，如图2-52所示。

综上所述，厨柜设计应以这三大基本功能为核心，同时兼顾其他功能的设计。厨柜功能设计是厨柜设计的重点，是确保厨柜使用方便的前提。

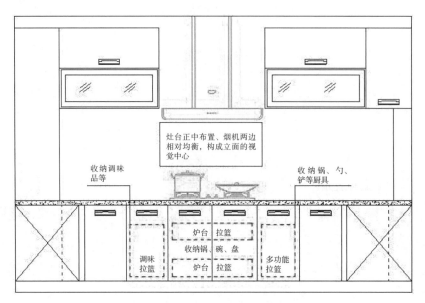

图2-51　煤气灶与抽油烟机的位置要求

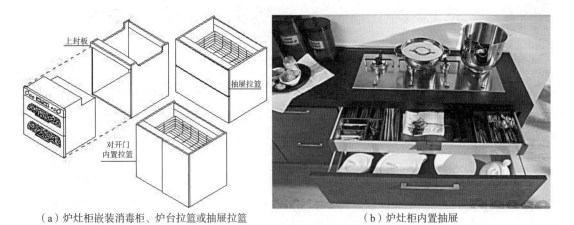

（a）炉灶柜嵌装消毒柜、炉台拉篮或抽屉拉篮　　　　　（b）炉灶柜内置抽屉

图2-52　炉灶柜功能规划

三、厨房水电气的布置与设计

在使用厨房的过程中，一般会考虑冷水、热水、纯净水三种情况。

冷热水一般置于水槽柜内，冷水直接连接自来水，热水一般由小厨宝或热水器提供。

　　生活纯净水一般来自净水器，小型的净水器可以置于水槽柜内，大型的净水器可安装在室外或厨房等。

　　厨房中的电主要是插座的安装，由于厨房中电器较多，插座的位置可以分为低位、中位、高位三种。

　　低位：一般地柜内的电器设计低位插座，如地柜内嵌消毒柜、地柜内置微波炉和烤箱、水槽柜内小厨宝和反渗透净水器等，高度一般600mm左右。

　　中位：台面上方通用的电器插座，如电饭煲、电高压锅、豆浆机等，高度在1200mm左右。

　　高位：一般吊柜内或上方的电器设计高位插座，如油烟机、燃气热水器、卧式消毒柜等。

　　冰箱插座可以低位也可以中位。图2-53是某厨房的水电布置图。

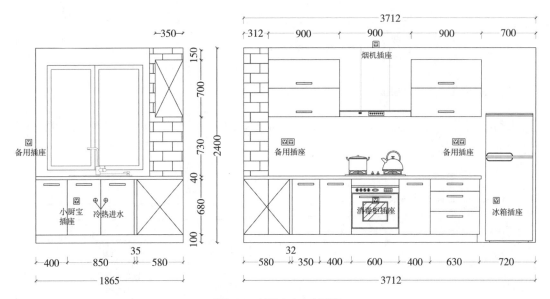

图2-53　某厨房水电布置图

　　厨房的气的布置有燃气进气布置和烟机排气布置两种。从煤气表或气瓶到煤气灶，一般采用专用煤气管连接，沿地柜脚部（高度110mm）空间布置。烟机排气常通过在吊顶上方或吊柜顶部布置排气管到烟道或室外，最好不要穿过吊柜布置管道，这样吊柜的密封性和利用率大大降低，如图2-54所示。

🎓**学习思考**

　　Q31. 烟机与灶台对中布置设计的原因是什么？

　　Q32. 总结归纳炉灶柜的布置处理方式。

　　Q33. 总结归纳低位、中位、高位的电设施设备。

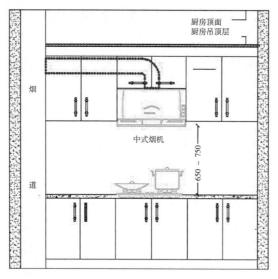

图2-54　烟管穿过吊柜进入烟道

四、厨柜设计图的绘制

厨柜设计图一般包括布置图、立面图、地柜组合图、吊柜组合图、台面图等，图2-55为该任务的设计参考图。

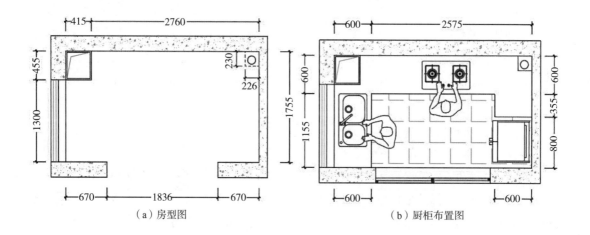

（a）房型图　　　　　　　　　　　　（b）厨柜布置图

学习思考

Q34. 厨房吊顶高度2400mm时，烟机排烟管的最佳布置方式是什么？

Q35. 米箱柜门板宽度一般为200～300mm，分析米箱柜的布置有哪几种形式？

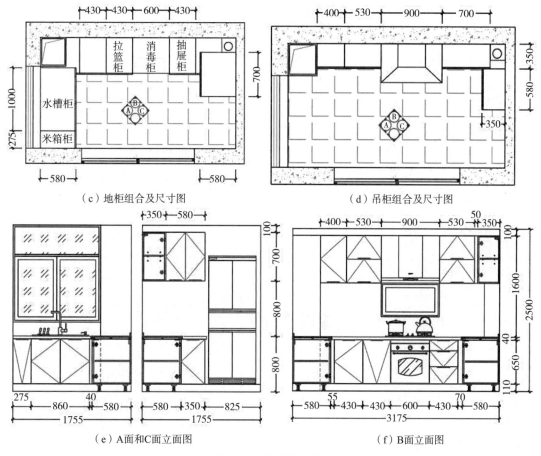

（c）地柜组合及尺寸图　　　　　　　　　　（d）吊柜组合及尺寸图

（e）A面和C面立面图　　　　　　　　　　（f）B面立面图

图2-55 厨房设计参考图

任务实施

厨柜的设计是全屋定制家具设计中最为复杂的一项，从量尺、出图、修改，每一步都需要认真仔细。为更好指导学生完成该任务，建议按照以下步骤实施。

步骤一：量房训练。量房是获得精准尺寸的唯一方法。要求熟练掌握三角形测量法，具有熟练测量矩形空间、多边形空间、弧形空间尺寸的能力。

步骤二：模拟厨房的布置设计。建议老师提供不同的房型资料，指导学生首先做好布置设计。

步骤三：绘制设计。可以通过2～3个不同形式的厨柜设计训练，培养学生绘制厨柜布置

学习思考

Q36. 抽屉柜设计在转角处时，为什么必须使用非拉调节？

Q37. 讨论分析厨柜优化设计处理的主要内容。

图、立面图、地柜组合图、吊柜组合图的能力。

步骤四：水电气的功能规划与布置设计。

步骤五：优化处理。

▌归纳总结

❶ 知识梳理：该任务包含的主要知识如下。

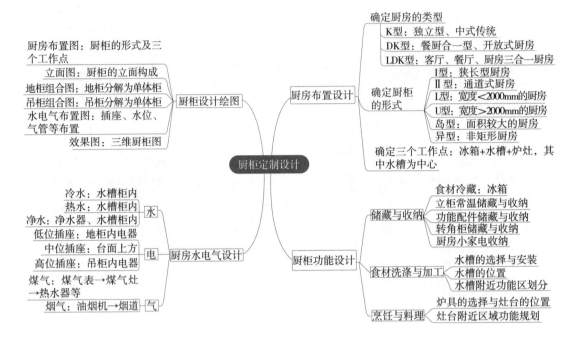

❷ 任务总结：通过该任务的实施，总结厨柜设计的一般步骤。

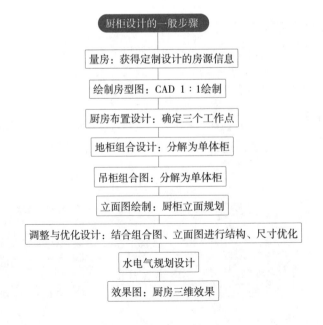

拓展提高

一、厨柜免拉手的设计

图2-56为免拉手厨柜效果图。免拉手的使用，使厨柜门板更加简洁大方，现代气息更浓，近年来也十分流行，应用广泛。

免拉手采用铝合金材质，经加固加强后表面电镀抛光制成，分为上柜、下柜、中柜三种，见表2-11。免拉手安装见图2-57。

图2-56 免拉手厨柜

表2-11 免拉手尺寸与安装

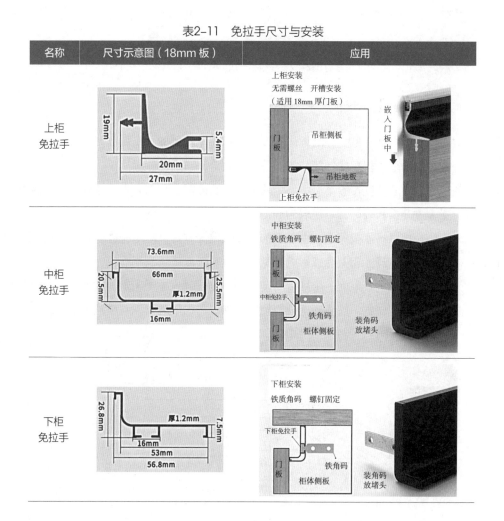

学习思考

Q38. 免拉手和明装拉手相比有哪些好处？

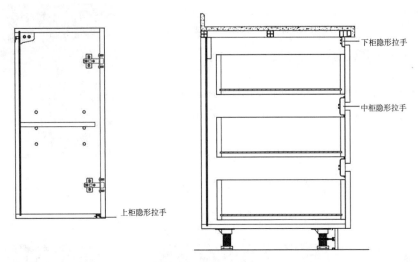

图2-57 免拉手安装CAD图

二、厨柜抽屉面板的设计

厨柜中地柜斗面高度常见的分割方法有以下几种，见图2-58。

等分法： 按照地柜门板高度二等分、三等分、四等分，这种分割简单、标准、加工方便。

等差分割法： 抽屉高度按照小、中、大的等差级数分割。分割时先确定好级差，级差不宜太大，从小到大过度柔和较好，一般取50mm左右。

等比分配法： 抽屉高度按照小、中、大的等比级数分割。分割时先确定公比q的大小，q值不宜确定得太大，避免高度相差悬殊影响视觉效果。一般取值<2。

混合分割法： 首先确定上面一个抽屉高度（按功能或其他原则确定），余下的等分分割。

自由分割法： 根据储物的需要高度分割抽屉，抽屉与抽屉之间没有必然联系。

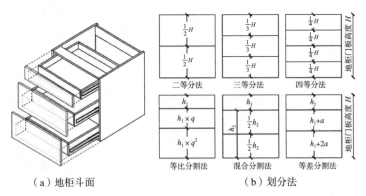

（a）地柜斗面　　　　　　　　　　　（b）划分法

图2-58 厨柜地柜斗面的划分法

🎓 学习思考

Q39. 已知地柜门板高度650mm，等差值取50mm，规划设计三个抽屉，抽屉面板的高度为多少？

三、厨柜拉手的选择与安装

厨柜拉手的种类很多，有明拉手、暗拉手、隐形拉手、免拉手等。图2-59是明拉手常见的安装形式，地柜明拉手一般安装在门板上端，吊柜明拉手安装在门板下端，都体现出使用的方便性；米箱、拉篮拉手一般在缝中，用力均衡。拉手安装遵循的一般原则是：上下呼应、方向一致、顺手方便、受力集中、美观均衡。

吊柜拉手的安装方式，应与地柜的方式相呼应，构建和谐一致的美感。

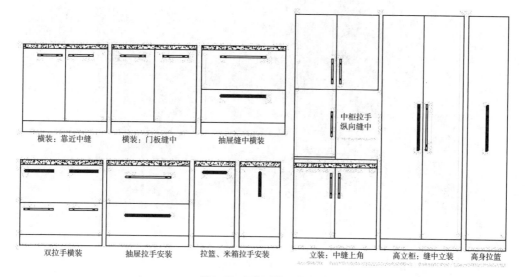

图2-59　厨柜明拉手的安装

四、厨柜门板的形式与设计

厨柜门板按照开启方式的不同，分为开门、翻门、移门、折叠门、卷帘门等。

开门是最常用的门板开启方式，其特点是需要一定的门外开启空间。门板开启后，柜内空间能全部展现出来，寻找、储藏物品较为方便。吊柜设计开门时应注意门板的高度，避免出现

🎓 学习思考

　Q40. 厨柜拉手安装的一般原则是：吊柜拉手下装、地柜拉手上装、中柜拉手中装，其依据是什么？

碰头等安全事故。

上翻门一般只适用于吊柜的门板设计，其特点是门板上翻开启，可以有效避免门板碰头事故的发生，柜体内部空间完全展现，寻找、储藏物品极为方便。

移门适用于双门或三门的吊地柜或高柜，其特点是门板不需要门外开启空间，一次移动柜体内部空间只能展现一半，寻找、储藏物品不是十分方便。

折叠门也称为滑动折叠门，门板开启需要较小的门外开启空间，柜体内部空间也能完全展现，寻找、储藏物品方便，适合于双门或三门的吊地柜。

卷帘门开启时不需要门外空间，柜体内部空间也能完全展现，寻找、储藏物品方便，适合于单门或双门的吊柜、台面高柜等。

图2-60的厨柜中，地柜以抽屉和平开门为主，吊柜以上翻门为主，简洁大气、美观实用。

图2-60　厨柜门板的形式

🎓 **学习思考**

Q41. 厨柜立面设计遵循"对称、均衡、对正"的构图原则，分析厨柜翻门设计在其立面构成上的应用。

任务3 门厅空间定制家具设计

任务描述：门厅定制家具设计

按照提供的某门厅空间尺寸测量草图（图2-61），完成其布置与家具设计。

任务分析

门厅空间俗称玄关、斗室、过厅，是室内住宅与室外的一个过渡空间，起到换鞋、更衣、放置随身物品及空间导向的作用。完成该任务应具有以下知识与技能。

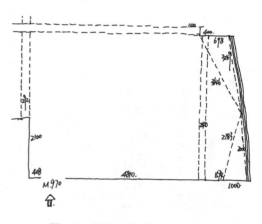

图2-61 某住宅空间的门厅测量草图

知识目标

❶ 掌握门厅空间改造与布置的一般知识。

❷ 掌握门厅家具设计的专业知识。

技能目标

❶ 具有从事门厅空间布置设计及确定门厅家具尺寸的专业能力。

❷ 具有从事门厅家具结构、功能设计的专业能力。

知识与技能

一、门厅空间的布置与家具尺寸的确定

门厅也称玄关，指的是房门入口的一个区域，是从室外进入室内的一个过渡空间。

门厅是室内空间序列活动的开始，连接室内和室外，具有承前启后、空间过渡的作用。人们进入室内，为避免开门见厅、对客厅的陈设及人的活动隐私一览无余，设置玄关柜起到遮

🎓 **学习思考**

Q1. 如何理解"空间导向"？

掩、视觉引导的作用。从室内设计的序列看，玄关柜是进入室内的第一道"风景"，所以也具有装饰点题的作用；从功能看，门厅空间应设置鞋柜、鞋凳、屏风衣帽架等，满足入户换鞋、换衣、放置随身物品的需求。室内外温度、光线的差异性较大，门厅也提供了一个让人适应环境的缓冲区域。

门厅的布局从确定门厅的形式开始。门厅的形式多种多样，独立的门厅常见于大中户型和别墅，其面积较大，布置起来也比较方便。

过道式门厅空间狭长，不宜使用高大、全封闭的家具，这样会使空间更狭窄。

一般的住宅空间为最大限度利用室内面积，没有独立的门厅位置，而是包含在客厅空间中，俗称融入式门厅，可以通过软装隔断如装饰柜、窗格、鞋柜等处理象征性地形成一个门厅区域。

室内影壁也是一种特殊的门厅形式，影壁正对入户大门，呈一字布局，在隐私保护、视觉导向、营造氛围、风格点题等多方面都具有很好的效果，如图2-62所示。

图2-62　门厅一字影壁

确定门厅的形式后，就可以开始其布置设计。门厅的家具主要有玄关柜、鞋柜、屏风衣帽架等，其中鞋柜、屏风衣帽架一般沿墙布置，应尽可能减少占地面积，玄关柜一般布置在入户门的对面或客厅往大门的方向。

融入式门厅在城市住宅环境中应用广泛，该类门厅家具以组合家具为主，其尺寸主要取决于空间的大小，以确保入户宽敞、活动方便。图2-63为该任务提供的门厅空间的布置及家具尺寸，该房型没有独立的门厅，而是把入户区域作为门厅，配置鞋柜（含衣帽架）及玄关柜。

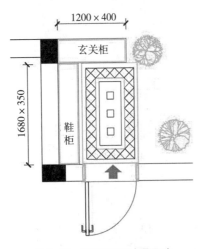

图2-63　门厅布置及家具尺寸

二、融入式门厅的家具设计

❶ 组合鞋柜设计

门厅空间面积不大，所以鞋柜、鞋凳、屏风衣帽架往往采用组合设计，常用的组合形式有L型、I型两种。

🎓 **学习思考**

Q2. 玄关的功能表现在哪几个方面？

Q3. 室内影壁的功能表现在哪些方面？

Q4. 门厅的形式有哪几种？各有何特点？

　　图2-64为I型组合鞋柜，采用下空设计，放置拖鞋及当天更换的鞋子。

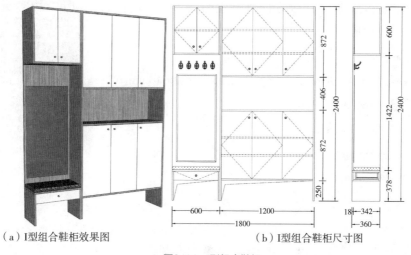

（a）I型组合鞋柜效果图　　　　　　　（b）I型组合鞋柜尺寸图

图2-64　I型组合鞋柜

　　图2-65为L型组合鞋柜，玄关柜与鞋柜呈L型组合，鞋柜沿墙放置，玄关柜背面为看面，采用硬背板，上部为开放式层架，透光但不完全透视。

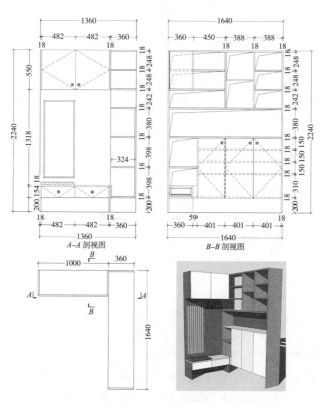

图2-65　L型组合鞋柜

有些住宅空间面积小，没有独立的门厅，往往会在门背后沿墙设计超薄型鞋柜，仅存放日常使用的鞋子，如图2-66所示。

薄型鞋柜根据内部使用的翻板配件的不同，有单层、双层和三层之分，如图2-67所示。

薄型鞋柜柜体尺寸要求如下。

柜体净深度：单层≥130mm，双层≥210mm，三层≥310mm。

柜体净高度：每层300～360mm。

柜体宽度：400～1000mm。

门板高度：≥360mm。

隔板厚度：≤14mm。

图2-66　超薄型鞋柜

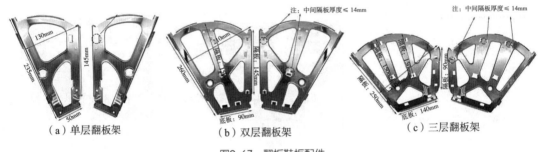

（a）单层翻板架　　　（b）双层翻板架　　　（c）三层翻板架

图2-67　翻板鞋柜配件

❷ 玄关柜设计

玄关柜主要起到装饰隔断、视觉导向的作用。玄关柜可以和鞋柜组合设计，也可以单独设计。

玄关柜作为高立柜，其高度一般为2000～2200mm；深度不宜太大，通常情况下300～400mm；宽度根据空间尺寸确定。

玄关柜的主要功能应以装饰、点题为主，既然它是入户的第一道"风景"，就要求能体现整个环境的装饰风格。为避免呆板、压抑，一般设计为开放半通透型装饰层板柜或屏风。

玄关柜一般不沿墙放置，背板为看面，采用硬背板结构，即与门板材料相同或相似。

🎓学习思考

Q5. 为什么薄型鞋柜的门板高度≥360mm？

Q6. 玄关柜深度300～400mm的理论依据是什么？

Q7. "对称、均衡"是中式家具设计的重要原则，分析其缘由。

图2-68为现代简约风格的玄关柜，下部做成门板，具有一定的储物功能；上部为开放层架，造型简洁大方。

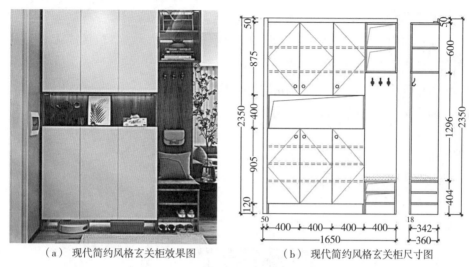

（a）现代简约风格玄关柜效果图　　　（b）现代简约风格玄关柜尺寸图

图2-68　现代简约风格玄关柜

图2-69为简约中式风格玄关柜，采用屏风与柜体组合，对称配置、稳定均衡。

图2-70为欧式风格玄关桌，置于过道式门厅尽头，是装修风格的点睛之作。

图2-71为轻奢意式风格玄关桌，简洁的线条、优雅的造型，彰显出艺术与功能的完美结合。

图2-69　中式风格玄关柜

图2-70　欧式风格玄关桌

图2-71　轻奢意式风格玄关桌

📖 学习思考

Q8. 图2-70是过道式玄关常用的设计形式，分析端部玄关桌或玄关柜的设计原则及意义。

▌ **任务实施**

门厅面积不大、家具不多，但给人的第一印象却十分重要，既要追求风格，又要功能完善。完成该任务建议按以下几个步骤实施。

步骤一：了解室内环境的装修风格，提炼出关键核心的造型元素，包括材料、颜色、几何形体、图案、光泽等，这是设计的首要任务。

步骤二：根据门厅的大小及形式，确定家具的平面尺寸。

步骤三：完成家具的立面设计，并绘制三视图。

▌ **归纳总结**

❶ 知识梳理：该任务包含的主要知识如下。

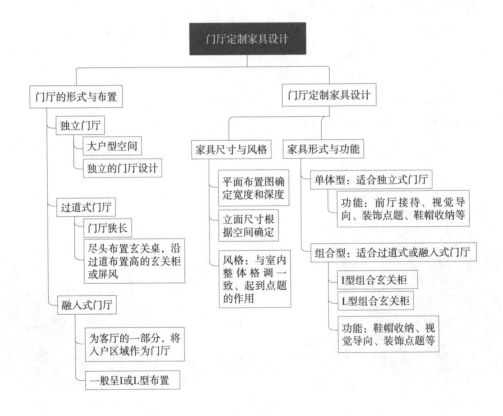

❷ 任务总结：通过该任务的实施，完成所提供门厅的设计，参考如图2-72所示。

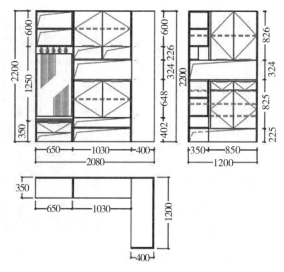

图2-72 门厅设计参考图

拓展提高

一、珠帘的应用

门厅没有足够的空间设计柜体家具时，用珠帘、屏风等特殊形式作为门厅隔断也是常用的装修手法之一。图2-73为采用珠帘垂挂隔断的门厅，既达到了分隔门厅的效果，又不占空间。

珠帘的形式多种多样，可以是落地式全帘，也可以是悬空的半帘，有齐平型、拱型、错落型、S型、波浪型等各种类型，如图2-74所示。

珠帘的材质可以是水晶、压克力、金属、木材、玻璃等，材质、花纹、颜色的差异性可以体现不同的风格。图2-75为木珠帘。

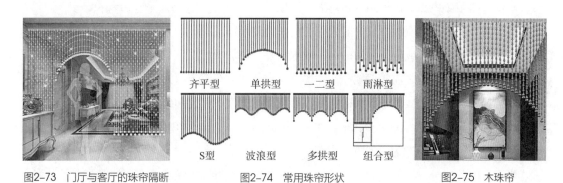

图2-73 门厅与客厅的珠帘隔断　　　图2-74 常用珠帘形状　　　图2-75 木珠帘

学习思考

Q9. 图2-72中玄关柜的合适台面高度为多少？依据是什么？

Q10. 珠帘隔断的好处有哪些？

Q11. 现代简约风格的室内空间采用珠帘隔断，宜选择何种材质的珠帘？

二、屏风的应用

屏风，中国传统建筑物内部挡风用的一种家具，一般陈设于室内的显著位置，起到分割、美化、视觉导向、挡风、协调等作用，与室内的家具与风格相互辉映、相得益彰、浑然一体，呈现出和谐之美。

门厅与客厅，很多情况下采用屏风隔断处理。如图2-76所示的屏风与玄关柜组合，玄关柜具有储物、陈列之功能，屏风起到风格点题、视觉导向及装饰协调的作用，营造出和谐一致的门厅与客厅环境。

图2-76　玄关柜与屏风组合

图2-77是博古架与屏风的融合，左右对称的博古架陈列柜与屏风为背景的供桌相组合，集新中式风格的表现与陈列、储物等多功能于一体，在通透与封闭间展现朦胧之美。

屏风在空间的半开放隔断、灵活隔断中的应用十分广泛，如门厅与客厅、客厅与餐厅的半开放隔断，其也可用于背景墙的加长与延伸。

三、影壁的应用

影壁，起源于中国，也称照壁、影墙、照墙，

图2-77　博古架与屏风融合

是古代寺庙、宫殿、官府衙门及深宅大院前的一种建筑。

影壁把宫殿、王府或寺庙大门前的区域围成一个广场或庭院，给人们有个回旋的余地。这个区域成为人们进大门之前的停歇和活动场所，也是停放车轿上下回转的地方。影壁作为建筑物前面的屏障，能营造威严与严肃的氛围，影壁上的文字图案也起到一定的装饰作用。影壁还能挡风保温、保护隐私、避免"直来直去"。从行为学角度看，影壁能保护人的隐私，避免别人的窥探与打扰。图2-78为中式古典影壁。

影壁有内外之分，一般有如下几种形式：一是大门或屏门内起屏蔽作用的墙壁，呈一字形式，分为独立影壁和座山影壁，独立影壁是一堵独立的墙壁，座山影壁是在厢房的山墙上直接

🎓 **学习思考**

　　Q12. 屏风作为中国典型的传统家具，其主要功能是什么？

图2-78　中式古典影壁

砌出来的影壁形状的墙，影壁与山墙连为一体；二是大门外的影壁，又称照壁，常建在胡同或街的对面正对宅门处，平面呈一字形的称为一字影壁，平面呈八字形的称为雁翅影壁，两种影壁可以独立存在，也可以依附对面宅院的墙壁；三是位于大门两侧的影壁，称为撇山影壁或反八字影壁，与大门檐口呈120°或135°夹角，平面呈八字形状，大门向内退一至数米，门前形成一个空间，或为台阶或为空场，为进入大门前的缓冲之地，显得十分气派、开阔，且具有私密性。

　　从装饰功能来看，大门外的影壁增加了大门的气势，营造庄严、肃穆的氛围，象征权力与地位；门内的影壁，则营造出和谐、安谧、幽静的环境。

　　影壁作为中国建筑中的重要单元，与房屋、院落建筑相辅相成，组合成一个不可分割的整体。雕刻精美的影壁具有建筑学和人文学的重要意义，有很高的建筑和审美价值。

🎓 学习思考

　　Q13. 中式建筑、中式室内都很讲究影壁的设计与应用，这与中国传统文化密不可分，举例说明其作用和意义。

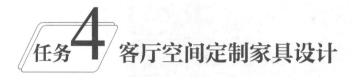

任务 4 客厅空间定制家具设计

任务描述：客厅定制家具设计

根据给定的某客厅空间测量草图（图2-79），绘制客厅平面布置图，确定家具平面尺寸，并完成客厅电视柜的设计。

任务分析

该任务包括三个方面的工作：一是完成客厅的布置设计，绘制客厅平面布置图；二是根据布置图，确定客厅家具的平面尺寸；三是完成家具立面造型、尺寸、结构、功能的综合设计。完成该任务应具有以下知识与技能。

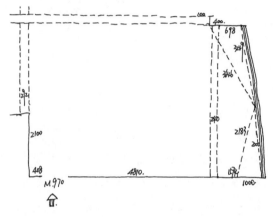

图2-79 某客厅空间测量草图

知识目标

❶ 掌握客厅布置的基本知识、原理与方法。
❷ 掌握客厅家具尺寸确定的基础知识。

技能目标

❶ 具有熟练布置客厅空间、完成客厅家具平面尺寸确定的能力。
❷ 具有熟练完成客厅家具立面造型、结构、功能等综合设计的能力。

知识与技能

一、客厅的布置设计

客厅（Living room）是主人与客人会面的地方，也是房子的活动中心。室内其他的空间如卧室、书房、厨房、餐厅、卫生间均与客厅直接相连，所以客厅是住宅空间设计的重点和亮点。

🎓 **学习思考**

Q1. 简述完成该任务的"三步走"内容。

客厅的布置设计宜宽敞、简洁、明亮，留有更多的活动空间。布置时，一般从两面墙——电视背景墙和沙发背景墙开始。

电视背景墙，是从公共建筑装修中引入的一个概念，是客厅电视摆放位置所在的一面主墙。这面主墙是客厅设计的主要界面，是客厅的视觉中心。

电视背景墙的位置一般与大门相对，且必须具有一定的长度（与对面沙发长度相匹配）。电视背景墙要营造大气、和谐、轻松的环境氛围，形成视觉的焦点。

电视背景墙的长度不能与对面沙发的长度相匹配时，可以采用隔断柜、屏风、轻质墙

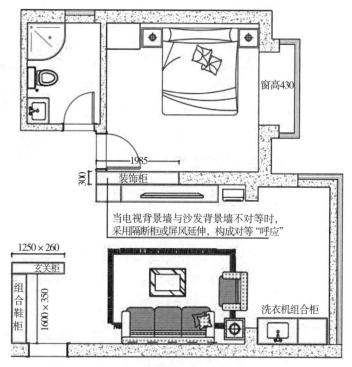

图2-80 装饰柜延长电视背景墙

体延长墙面。图2-80为某客厅的布置图，选择大门相对的墙面作为电视背景墙，因其长度不够，采用装饰柜延长，形成完整的电视背景墙面，装饰柜的风格、造型应与电视背景及客厅整体装修氛围相协调。

电视背景墙宜根据设计、装修风格及造价选择合适的装饰材料，油漆、墙艺漆、艺术喷涂、彩绘、软包墙面、墙纸墙布、文化石、玻璃、金属、木质板材等都是常用的装饰方法或材料。不同材质的电视背景墙如图2-81所示。

（a）集成墙板电视背景墙 （b）仿大理石纹墙纸电视背景墙 （c）文化石电视背景墙 （d）岩板电视背景墙

图2-81 不同材质的电视背景墙

🎓**学习思考**

Q2. 如何理解"客厅是房子的门面"？

Q3. 从室内空间设计的角度，分析电视背景墙的地位与作用。

Q4. 如何处理电视背景墙与电视柜的关系？

另一面墙就是沙发背景墙。由于大多数家庭的沙发都是靠墙摆放，沙发后面通常会留有一大面墙，这面墙就称为沙发背景墙。沙发背景墙与电视背景墙相呼应，其长度应大致相等。

沙发背景墙用于衬托沙发主体，其风格、颜色、图案等都应与沙发相映衬，不能"喧宾夺主""出风头"，作为背景更不能太繁杂，应以简洁为主，如图2-82所示。

图2-82 沙发背景墙

客厅布置还需要处理好客厅与其他空间的隔断与衔接，如客厅与餐厅、门厅、卧室、书房、卫生间的交通空间（即活动通道）。应尽可能减少通道数量、面积，使每个空间的面积利用最大化。

根据客厅布置的一般规律和方法，给定任务的客厅布置设计如图2-83所示。该客厅包括门

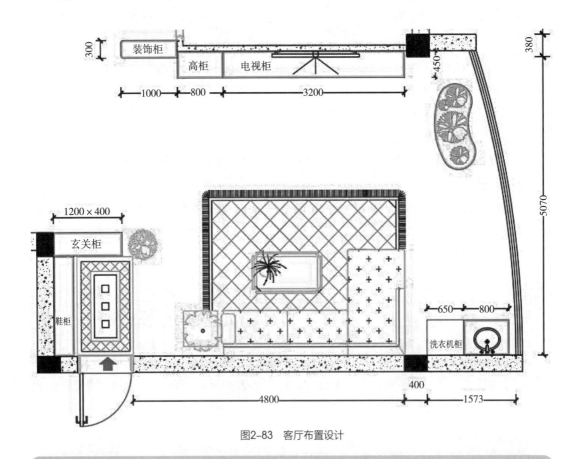

图2-83 客厅布置设计

🎓学习思考

Q5. 如何理解"沙发背景墙与电视背景墙相呼应"？

Q6. 图2-83中沙发的长度选择多少比较合适？

厅、阳台两个空间，家具包括电视柜、沙发等。

二、客厅的家具设计

❶ 电视柜

客厅的家具主要是电视柜、电视背景、沙发等，其中电视柜可以选择板式定制家具。

电视柜应根据电视的安装方式来设计，如果电视放置在电视柜台面上，电视柜的高度、深度要与电视尺寸相匹配。

电视柜台面的高度与电视屏幕的大小有关，一般情况下，应使屏幕的中心比人坐在沙发上眼睛的高度略低40～60mm，这样最符合人体工程学的原理。过高或过低的屏幕中心高度，都将使人产生视觉疲劳。如图2-84所示，以55in的平板液晶电视为例，屏幕尺寸为1255mm×720mm，带底座尺寸为1255mm×782mm，坐姿时人眼高度取值1050mm，电视柜台面的高度为600mm较合适。

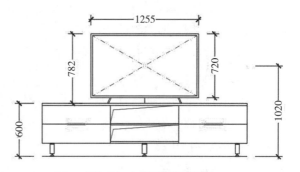

图2-84　电视柜高度的确定

电视柜的深度根据电视深度和客厅的大小综合确定，图2-84的电视底座深度为237mm。20m²左右的客厅，电视柜的深度取值为400mm比较合适，最大深度一般不大于600mm。

电视柜的长度以电视背景墙的长度为主要参考依据，电视尺寸与背景尺寸相协调。电视柜的长度一般不小于电视宽度的1.5倍。

近年来，随着电视技术的快速发展，超薄电视多采用壁挂的安装方式，电视不再摆放在电视柜的台面上，电视柜以储物、收纳功能为主。特别是一般的住宅家庭，以柜作为电视背景，大大增加居家的储物空间，如图2-85所示。

电视柜的形式多种多样，如一型、二型、▢型、E型、口型、H型等。

一型电视柜多为地柜型，台面高度可

图2-85　墙面式电视柜

🎓 **学习思考**

Q7. 电视挂装时，还需要考虑电视柜台面的高度吗？

Q8. 无论哪种形式的电视柜，不管电视是台面放置还是挂置，为什么都会设计一个台面？

以是一个高度，也可以是高低台面抽拉式
或组合式，如图2-86所示。

二型多为吊地柜组合型，吊柜多为开
放层架，增加储物与装饰功能，如图2-87
所示。

□型为二型的变体，地柜增加了高
台面，吊柜高度可变化，如图2-88所示。

L型是高柜与地柜组合型，高柜强大
的储物功能与地柜的台面功能相结合，高
低错落而不单调，如图2-89所示。

E、口、H型都是地柜、吊柜、高柜
的综合组合型，储物柜、台面、层架柜相
结合，实用性更强，适合于面积不大的客
厅，如图2-90所示。

电视柜可以采用包脚结构、亮脚结构
或悬挂结构。包脚结构端庄稳定，不藏污
纳垢；亮脚结构活泼轻巧，宜清洁打理；
悬挂结构活泼生动，底部灯光渲染，光影
层次分明，装饰效果更好，如图2-91所示。

❷ 客厅隔断柜

隔断柜可用于客厅与餐厅的半开放隔
断，或者作为电视背景墙的延伸，是客厅
重要的家具产品之一。

隔断柜的宽度与高度主要根据空间尺
寸确定，高度封顶显得整体性好，不封
顶通透性好，各有其特点。不封顶的隔断
柜，高度不宜超过2200mm，深度一般为
200～400mm较合适。

隔断柜一般为下部正面门板、后面背

图2-86　一型电视柜（地柜型）

图2-87　二型电视柜（吊地柜组合型）

图2-88　□型电视柜（吊地柜组合型变体）

图2-89　L型组合电视柜（高柜与地柜组合型）

图2-90　地柜+吊柜+高柜组合型电视柜

🎓 **学习思考**

Q9. 为什么电视柜的立面设计讲究虚实结合（封闭门板和开放层架）？

Q10. 分析电视柜底部空间三种处理方式的优缺点。

板封闭，上部正面玻璃门或层架柜、后面封闭或通透，其功能主要是储物与装饰，如图2-92所示。

隔断柜前后两个面均为看面，所以门板、背板应该是相同的材料。

图2-91　悬挂结构的电视柜　　　　　　　　图2-92　隔断柜的一般形式

▎任务实施

客厅是住宅空间序列设计的高潮部分，应充分表现室内装饰的风格和特点，而客厅主要陈设是电视背景墙、电视柜、沙发、隔断柜等，所以完成该任务应该从装修风格入手，确定电视背景墙的装饰设计，然后确定家具的风格及造型。该任务应按以下几个步骤实施。

步骤一：根据测量尺寸，绘制客厅空间平面布置图，确定家具的平面尺寸。

步骤二：确定电视背景墙的装修风格及材料，现代简约风格的电视背景可以采用岩板、墙纸、隔墙板等材料。

步骤三：完成客厅家具的立面造型设计，应使家具的颜色、造型、尺寸与电视背景墙相吻合、相协调。

步骤四：完善优化设计。

🎓学习思考

Q11. 为什么隔断柜一般采用下实上虚的立面设计？

Q12. 岩板电视背景墙近年来比较流行，搜图并分析其原因。

▌归纳总结

❶ 知识梳理：该任务包含的主要知识如下。

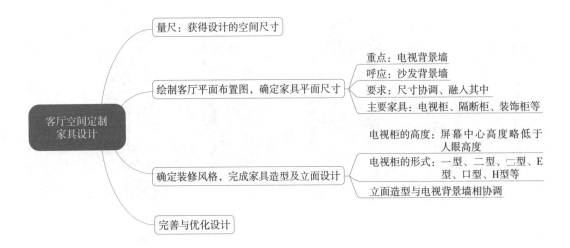

❷ 任务总结：通过该任务的实施，根据给定资料完成客厅的电视柜设计，参考如图2-93 所示。

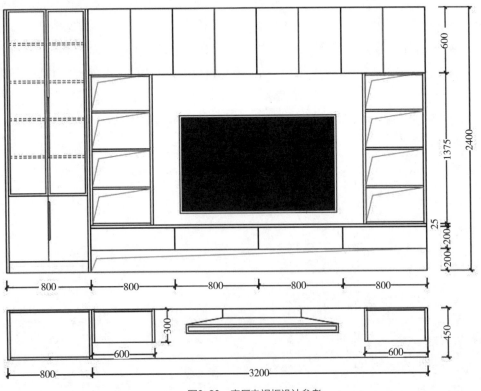

图2-93　客厅电视柜设计参考

🧩 拓展提高

一、电视机的尺寸

通常所说的电视机的尺寸是指电视机屏幕的对角线尺寸，而且是英制尺寸，如"50寸"电视是指其屏幕的对角线为50in。

根据1in=25.4mm计算，则"50寸"电视屏幕的对角线长为50×25.4mm=1270mm。

如何根据对角线尺寸求电视屏幕的长、宽尺寸呢？

首先要弄清楚电视机屏幕的长宽比与对角线的关系，电视机屏幕的长宽比有16∶9和4∶3两种，由此求出对角线的长度，如图2-94表示两种比例和对角线的关系。

接下来就可以按照上述关系，求出电视机的屏幕尺寸。以"50寸"屏幕的电视为例，求解过程如下。

屏幕对角线长度=50×25.4mm=1270mm。

如果屏幕长宽比为16∶9，则：

屏幕长度=1270mm/18.4×16=1104mm。

屏幕宽度=1270mm/18.4×9=621mm。

如果屏幕长宽比为4∶3，则：

屏幕长度=1270mm/5×4=1016mm。

屏幕宽度=1270mm/5×3=762mm，如图2-95所示。

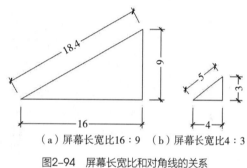

（a）屏幕长宽比16∶9　（b）屏幕长宽比4∶3

图2-94　屏幕长宽比和对角线的关系

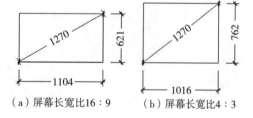

（a）屏幕长宽比16∶9　（b）屏幕长宽比4∶3

图2-95　"50寸"电视屏幕的长宽图

需要注意的是，电视机的屏幕尺寸并非电视机的尺寸，还要考虑屏幕边框的大小。液晶电视的边框相对窄小，屏幕尺寸接近电视机尺寸，所以也可以参考屏幕尺寸设计电视柜尺寸。

二、客厅沙发的选择

电视柜与背景是客厅装饰的亮点，而沙发则是客厅家具的重点，它直接彰显客厅的装饰风格及主人的个性特点。

沙发大致分为两类，一类是单体沙发，有单人、两人、三人之分。如果选择两个单人、一个三人单体沙发，习惯称为"1+1+3"，如图2-96所示。

🎓 学习思考

Q13. 计算"65寸"16∶9屏幕的电视尺寸。

Q14. 单体沙发一般采用U或L形式布置的优点是什么？

单体沙发的体积较大，如果坐垫按照500mm×500mm计算，扶手宽度按照200mm计算，靠背深度按照300mm计算，则沙发的大致尺寸估算如下。

单人：宽900mm，深800mm。

双人：宽1400mm，深800mm。

三人：宽1900mm，深800mm。

单体沙发的实际尺寸依据造型的复杂程度，差别较大，但是坐着舒适，一般适用于面积较大的客厅。

图2-96　单体沙发组合（1+1+3）

单体沙发按照材质的不同，分为木沙发、皮沙发和布沙发。木沙发的体积相对较小，红木沙发用材讲究、制作精细、价值高，更适合高端客户选用，如图2-97所示。单体皮沙发一般选用牛皮制作，造型美观，具有透气、温暖、柔软、舒适的特点，皮沙发显得高贵、大气，也是尊贵奢华的代表，如图2-98所示。单体布艺沙发是以布为主要面料加工而成的沙发，其图案丰富、色彩艳丽、透气舒适、时尚经济、实用美观，为大众消费者所喜爱，如图2-99所示。

图2-97　单体红木沙发

图2-98　单体皮沙发

图2-99　单体布艺沙发

另一类就是组合沙发，组合沙发中间的座位均不带扶手，长度可以按需定制，占地小、实用性高、经济实惠，材料以布、皮为主，适合于一般城市家庭使用，如图2-100所示。

沙发的选择首先要考虑的就是根据空间大小，确定沙发的布置形式及尺寸。沙发的布置形式有以下几种。

一型：适用于面积较小或宽度较小的客厅。

🎓 学习思考

Q15. 设计和单体沙发配套的茶几尺寸。

Q16. 分析比较布艺、皮质、红木三种单体沙发的风格特点及应用场景。

（a）组合沙发模块（边座+中座+贵妃床）

（b）组合皮沙发

（c）组合布艺沙发

图2-100　组合沙发

L型：适用于面积适中的客厅，大多数家庭选择L型组合沙发，经济适用。

U型：适用于面积较大的客厅。

单体沙发尺寸相对固定，组合型沙发可以按需定制。

其次，就要选择材质、颜色、质量等。三种主要材质木、皮、布各有特色，价格差别较大，根据自己的需要和装修的风格选定。

沙发颜色的选择应与客厅整体环境协调，要处理好背景色（沙发背景墙、地面）、主体色（家具）、强调色（窗帘、灯具等）之间的关系。沙发的颜色应与主题色相配，与背景色相协调。如图2-101所示的客厅，沙发色、背景色、家具色整体感强，和谐美观。

图2-101　沙发颜色的选择

🎓**学习思考**

Q17. 组合沙发的优点表现在哪些方面？

Q18. 如何处理客厅空间的色调和色彩？

任务5 卧室空间定制家具设计

📋 任务描述：卧室定制家具设计

　　图2-102为某主卧空间的尺寸测量草图，该空间按照现代简约风格设计，门板采用三聚氰胺浸渍纸饰面板，完成其布置及衣柜设计。

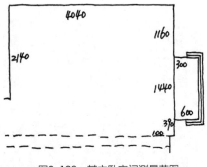

图2-102　某主卧空间测量草图

任务分析

　　卧室是住宅空间室内设计的重点场所之一，一般分为主卧、次卧、儿童房等。该任务以一间主卧为例，培养学生进行卧室家具设计的能力。完成该任务应具有以下知识与技能。

▌ 知识目标

❶ 掌握卧室空间处理与布置设计的基础知识。

❷ 掌握卧室家具尺寸、功能、结构设计的专业知识。

▌ 技能目标

❶ 具有卧室空间尺寸测量及绘制平面图的能力。

❷ 具有卧室空间改造、布置规划及确定家具尺寸的能力。

❸ 具有卧室家具结构与功能设计的能力。

❹ 具有卧室家具设计绘图表现的能力。

🎓 学习思考

　　Q1. 室内布置设计时，主卧、次卧、儿童房这三种卧室是如何划分的？

知识与技能

一、卧室的布置设计

卧室的布置设计应以床为中心，围绕床完成功能设计。

卧室床的安放从确定床头墙开始，床头靠墙有安稳感。床是卧室的主要家具，直接表现卧室的风格，所以床头也是卧室的视觉中心，往往选择放置在卧室房门的对面，如图2-103所示。

床的摆放方向也应考虑空间大小、通风等因素。

较窄小的卧室空间，宽度不足2500mm时，床的摆放会影响正常通行（床的长度≥2000mm），因此床宜靠近边部或角落，或者改变方向。

图2-103　床头是卧室的视觉中心

通风良好是确保睡眠质量的关键，卧室的通风主要通过门、窗形成气流通道，所以尽可能选择空气流动的区域安放床，不宜将床安放在角落或不通风处。

另外，床头也不宜正对房门，会让人感觉缺乏隐私和安全感。

确定床头位置和床的摆放后，就要规划床的尺寸，常用双人床的尺寸见表2-12。

完成床的定位后，接下来就是确定衣柜的位置。衣柜体积庞大，深度达到600mm，所以衣柜尽可能放在角落的墙面位置，不影响人的活动。

衣柜选择移动门还是平开门，除了考虑外观效果，还应分析门板开启的空间尺寸。如果没有足够的空间，就只能设计移动门衣柜。如图2-104所示，衣柜开门受到床头柜干涉，宜选择移动门。

图2-104给定的主卧宽度达到3670mm，床对面设置电视柜、梳妆台、写字台等，兼具书房功能。

🎓 学习思考

Q2. 床头的摆放为何要选择靠墙位置？

Q3. 从空间设计的角度分析，卧室以哪一个界面为主设计面？

表2-12 双人床的尺寸   单位：mm

尺寸示意图	床面尺寸	W	D
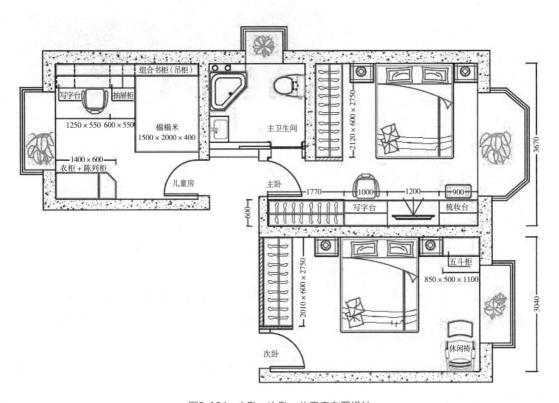	1350×2000	2350	≥2000
	1500×2000	2500	≥2000
	1800×2000	2800	≥2000

注：床头柜宽度按照500计算。

图2-104 主卧、次卧、儿童房布置设计

🎓 **学习思考**

Q4. 卧室床头墙面布置插座、开关时，插座的间距是多少？

次卧可以参照主卧设计，考虑到老人喜欢清静的特点，次卧布置时增加了简易沙发椅，以供休闲阅读之需。

儿童房的布置要考虑学习、活动等更多的功能。床考虑榻榻米和多功能组合柜设计，节省空间、功能强大，使用起来更加方便自由。

二、卧室衣柜的设计

卧室的衣柜设计应从以下几个方面分析。

◆ 衣柜的尺寸：平面尺寸（宽度和深度）应符合平面布置图的设计，高度根据层高确定。到顶的衣柜一般设计顶柜，顶部加望板封顶；不到顶的衣柜（上方留空），高度一般为2100～2400mm。衣柜深度分以下三种情况。

◆ 平开门衣柜：净深≥530mm。衣柜背板开缺胶钉安装时，含门深度≥550mm；衣柜背板进槽安装时，含门深度≥570mm（包槽20mm、净深530mm、门板厚度18mm）。

◆ 移动门衣柜：深度≥600mm。

◆ 叠放衣物衣柜：净深≥450mm。叠放衣物的衣柜，挂衣采用前后挂置，挂衣棍的安装如图2-105所示。

◆ 衣柜的门板：根据衣柜外形风格及空间尺寸确定门板的开启形式。平开门衣柜门板的开启空间要大于门板宽度；移动门衣柜开启不占用外部空间，需要占用80～100mm的柜体内部空间。

◆ 衣柜的功能：衣柜的功能归纳见表2-13。

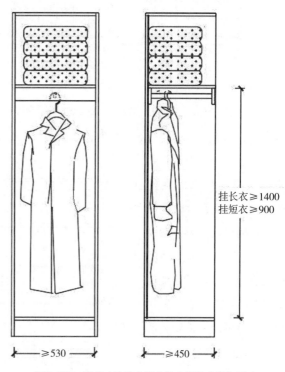

挂长衣≥1400
挂短衣≥900

≥530　　≥450

图2-105　叠放衣物挂衣柜中挂衣棍的安装与尺寸

🎓**学习思考**

　Q5. 平开门衣柜的背板包槽尺寸为20mm时，衣柜含门深度的最小值为多少？

表2-13　衣柜的功能

衣柜示意图		功能	设计方式	备注
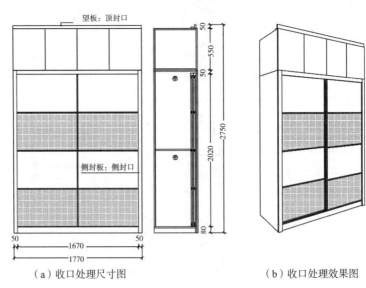		叠放衣物	层板	层板间距 300 ~ 400mm
		挂长衣	挂衣棍（杆）	净高 ≥ 1400mm
		挂短衣	挂衣棍	净高 ≥ 900mm
		收纳小件	抽屉	内置时注意位置
		收纳被服等大件	顶柜、衣柜底部	如棉絮等
		挂裤子	裤架	净高 700mm 左右
		收纳首饰等	首饰盒	抽屉式首饰盒
		收纳领带	领带盒	抽屉式领带盒
		挂穿衣镜	镜子	推拉式穿衣镜

◆ 衣柜的边部处理：衣柜安装要求横平竖直，这样才能确保门板缝隙均匀一致。但装修的墙面、顶棚、地面却不能达到横平竖直的质量要求，这就会导致衣柜与墙面、顶棚之间的缝隙大小不均，特别是内嵌的衣柜更是难以满足要求，所以衣柜设计时往往会使用侧封板、望板做收口处理。图2-104主卧门后的衣柜，其收口处理效果如图2-106所示。侧封板和望板可以根据安装情况现场裁切和调节尺寸，以弥补量尺、加工带来的尺寸误差。

（a）收口处理尺寸图　　　　（b）收口处理效果图

图2-106　衣柜顶部、侧边的收口处理

🎓 学习思考

Q6. 归纳总结衣柜的功能有哪些？如何划分区域？

三、床和床头柜的设计

床和床头柜是卧室家具的重点。一般情况下，可以选择实木框式结构的床和床头柜，其具有环保舒适、造型丰富、结构稳定、耐久的优点；也可以选择板式结构的床和床头柜，其具有造型简洁、储物方便、实用经济的特点。无论框式还是板式结构的床，其尺寸都应符合国家标准。

板式结构的床可以设计成双屏结构，如图2-107所示。床由床头（高屏）、床尾（低屏）、床座、床垫和抽屉构成，床座为围板箱体结构，用于储物。

板式结构的单屏床一般由床头（高屏）、床座、床垫和抽屉构成，床座与双屏床的床垫一样，为储物箱体结构，如图2-108所示。

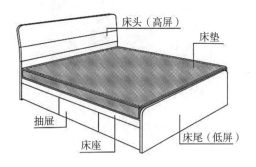

图2-107　双屏床（板式结构）

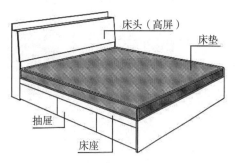

图2-108　单屏床（板式结构）

板式箱体结构的床座可以做成储物格和抽屉两种，如图2-109所示。

（a）储物格床座

（b）抽屉结构床座

图2-109　板式箱体结构床座

🎓**学习思考**

　　Q7. 床高屏高度的合适取值为多少？

　　Q8. 床低屏高度的合适取值为多少？

床座也可以设计为铺板结构或排骨架床板结构，如图2-110所示。

床头（高屏）有直屏、斜屏两种，图2-107和图2-108均为斜屏床头，其中图2-107为板式斜屏，图2-108为箱体式斜屏，分开斜板内部可以收纳常用物品。

床屏也分为硬屏和软包床屏两种，如图2-111所示。床屏的宽度可以与床相等，也可以跨越到床头柜上方，加宽的床屏显得更宽阔、更大气，如图2-112所示。

（a）铺板结构床座　　　　　（b）排骨架床板结构床座

图2-110　铺板和排骨架床板结构床座

（a）硬屏　　　　　　　　（b）软包床屏

图2-111　硬屏和软包床屏

图2-112　加宽床屏

🎓 **学习思考**

Q9. 床垫高度为100mm时，设计图2-109结构的床座高度为多少合适？

床头柜是床的配套产品，根据空间的大小可以配置双床头柜或单床头柜。床头柜的主要功能是收纳小件物品、台面放置台灯及放置随手物品如手机、书籍等。床头柜的高度要略高于床面（日式风格低于床面），床头柜的常见形式如图2-113所示。

（a）包脚双斗　　　（b）包脚单斗　　　（c）装脚双斗　　　（d）包脚双顶

图2-113　床头柜的常见形式

四、卧室榻榻米的设计

榻榻米是一种风格类似于草席的铺地材料，起源于中国，流行于日本和韩国，可以作为床上用的健康床垫，铺在任何物体表面用于坐卧。

榻榻米具有床、凳子、沙发等家具的多种功能，可坐可卧，也具有强大的储物功能，配以升降桌面或写字台，兼有茶饮、学习的功能，特适合于空间小的卧室，能有效节省空间、增大储物、一物多用，如图2-114所示。

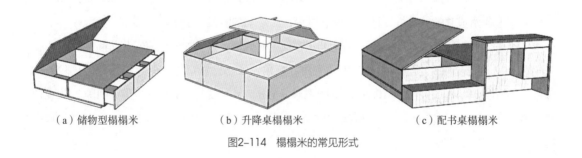

（a）储物型榻榻米　　　　（b）升降桌榻榻米　　　　（c）配书桌榻榻米

图2-114　榻榻米的常见形式

榻榻米的尺寸可以按照空间自由设计，但不应小于床面的尺寸，即长度不小于2000mm；宽度一般不小于1000mm；高度与床的相同，即400~450mm。

📖 学习思考

Q10. 图2-112的加宽床屏，床座尺寸为1800mm×2000mm，床屏的宽度为多少？

Q11. 榻榻米适用于哪种类型的卧室？

Q12. 榻榻米高度400~450mm的依据是什么？

榻榻米一般由若干个卧放的柜体组成，每个柜体不宜太大，可以采用围脚结构，也可以采用装脚结构，如图2-115所示。为增加榻榻米的承重效果，宜采用底板托围板结构。榻榻米的箱体可以设置抽屉，也可以设置储物格。

五、儿童房多功能组合家具的设计

儿童房是孩子睡觉、学习、娱乐、运动等多功能一体化的生活场所，但儿童房空间有限，满足多功能要求就只能通过家具组合、一物多用等方式来实现。

儿童房多功能组合家具宜沿一面或两面墙作布置设计，并尽可能紧凑，充分利用室内空间。从安全角度看，组合的儿童家具应尽可能深度一致，避免凸起。

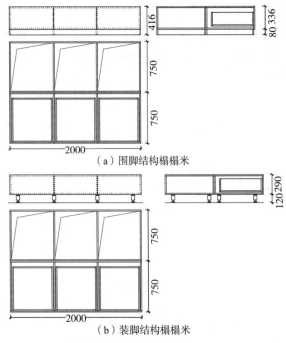

（a）围脚结构榻榻米

（b）装脚结构榻榻米

图2-115　围脚结构与装脚结构的榻榻米

儿童房的布置要分区明确，要有足够的活动空间，尽量使活动空间最大化，过于狭窄、零乱的布置会对儿童的身心健康造成危害。

儿童家具的尺寸应与成人家具有所区别，宜略小于成人家具尺寸。忌将儿童家具成人化，同时也要兼顾儿童成长的特殊性，做到可调、可变，满足不同阶段孩子生活的需要。儿童家具不宜过薄、过高，离地高度1600mm以下，防止非正常使用时倾倒，多层抽屉柜应安装防倾倒装置。

儿童家具安全性要求较高，不应出现尖角、棱角、死角、锋口等，所有可接触的危险外角都应做倒圆处理，圆角半径≥10mm，倒圆弧长≥15mm。深度超过10mm的孔及间隙，其直径或间隙应<6mm或>12mm。产品可接触的活动部件的间隙应<5mm或≥12mm，避免儿童手指卡在圆孔或间隙中。

离地高度或儿童站立面高度1600mm以上的区域，产品不应使用玻璃部件；管状部件的外露端口应封闭；产品中抽屉、键盘托等推拉件应有防拉脱装置，防止儿童意外拉脱造成伤害。

为避免儿童藏匿在家具中时间过长而窒息，儿童使用的柜体类封闭式家具应当具有一定的透气功能。

儿童家具环保的要求更高，游离甲醛及重金属铅、汞、铬、镉、钡等应符合国家标准。

🎓 **学习思考**

Q13. 总结儿童家具设计的要点。

不同阶段儿童家具的功能特点见表2-14。

表2-14 不同阶段儿童家具的功能特点

时期	家具特点	功能要求
婴儿期	舒适、安全、健康	拥有舒适的睡眠和活动空间
3～5岁	色彩欢快、具有趣味性	强调收纳功能
6～7岁	功能完备、合理利用空间	兼顾学习和娱乐两种功能，为上学做好准备
8～9岁	具有读书功能、强调安全性	兼具各个功能、培养各种爱好
10～12岁	增加舒适性、强调学习功能	合理规划收纳空间、有助儿童生活自理

儿童房多功能组合家具的设计一般从床开始。

◆ 确定床的类型：榻榻米床、上铺床或下铺床。

◆ 确定床的位置：一般靠角落或墙面，综合考虑通风、采光等因素。

◆ 储物柜、书柜、玩具柜等柜体的规划：这几种柜体深度较小，一般在300mm左右，可以考虑进行组合。

◆ 写字台、衣柜、抽屉柜等柜体的规划：这几件家具深度较大，一般在500mm左右，也可以考虑进行组合。

◆ 综合优化家具组合，画出设计图。

根据图2-104提供的儿童房空间尺寸，设计如图2-116所示的儿童房榻榻米方案。

▌任务实施

卧室家具设计从布置设计开始，通过布置设计确定家具的平面尺寸，然后再完成卧室家具的立面设计、造型设计、功能设计、结构设计等，所以该任务的实施建议按照以下步骤完成。

步骤一：绘制给定卧室的平面图。

步骤二：完成卧室的布置设计，首先从床的位置开始，依次确定衣柜和其他家具的位置与尺寸。

步骤三：完成卧室家具床、床头柜、衣柜的立面设计、造型设计、功能设计及结构设计等。

步骤四：对卧室家具进行优化设计，主要包括风格统一优化、材料优化、工艺优化等。

🎓学习思考

Q14. 搜图并手绘一套高低组合（上床下柜）的儿童家具的效果图。

Q15. 图2-116中的儿童榻榻米踏步做400mm×400mm倒角设计的意义是什么？

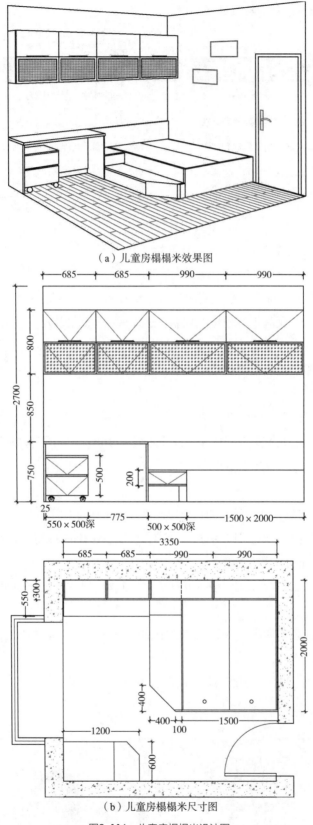

（a）儿童房榻榻米效果图

（b）儿童房榻榻米尺寸图

图2-116 儿童房榻榻米设计图

▌ 归纳总结

❶ 知识梳理：该任务包含的主要知识如下。

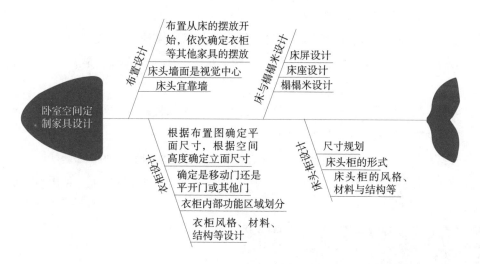

❷ 任务总结：通过该任务的实施，完成给定主卧的布置及衣柜设计。图2-117为主卧衣柜设计参考图。

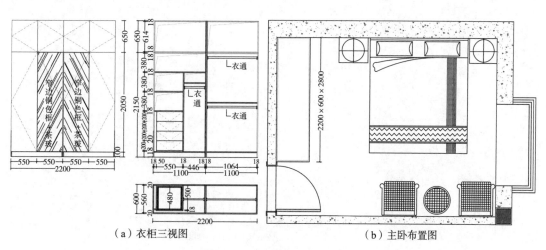

（a）衣柜三视图　　　　　　　　　　　　（b）主卧布置图

图2-117　主卧衣柜设计参考图

✤ 拓展提高

一、衣帽间的设计

衣帽间是近年比较流行的一种空间形式，专门用于存放衣物、鞋帽等物品，适用于面积较大或有独立衣帽间的卧室。

衣帽间具有独立、封闭的特点，随身物品收纳其中，要保持空间的干燥、无尘，设计时一般选择密封性好的房门，内部的衣柜、衣架等设施一般不再设计门板。

衣帽间的设施目前有三种形式：立柱式衣帽间、墙面式衣帽间、衣柜式衣帽间。

图2-118为立柱式衣帽间，由立柱、网框、可伸缩托盘、可伸缩裤架、可伸缩横杆等配件构成，常用的组合形式有一型、L型和U型三种，见图2-119。

立柱顶天立地式安装，内置可以调节高度的弹簧。配件除网格固定宽度85cm外，其他都是宽度75~120cm范围内可调；高度方向可在立柱上自由移动，以调整位置，使用非常方便。

墙面式衣帽间是把立柱固定在墙面上，然后在墙面上安装饰面板，依靠立柱安装层板、衣通、抽屉、鞋架等功能配件的系统，其主要的构成配件如图2-120所示。

图2-121为安装后的墙面式衣帽间的效果图，和前面的立柱式衣帽间相比，墙面系统增加了彩色装饰墙板，隔绝了墙面的湿与潮，背景面更加美观、卫生；中间没有立柱的干扰，使用起来更

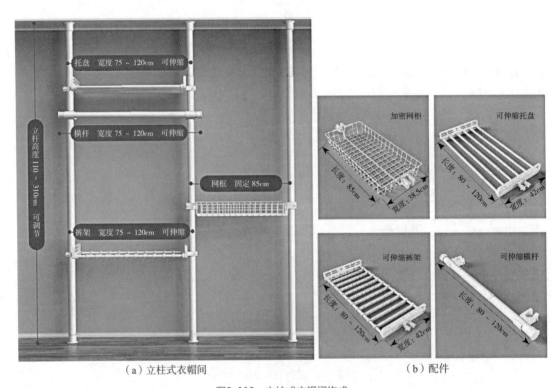

（a）立柱式衣帽间　　　　　　　（b）配件

图2-118　立柱式衣帽间构成

🎓**学习思考**

Q16. 衣柜顶柜设计的高度一般为多少合适？

Q17. 分析图2-117衣柜的实用功能有哪些？

Q18. 衣帽间有哪三种形式？

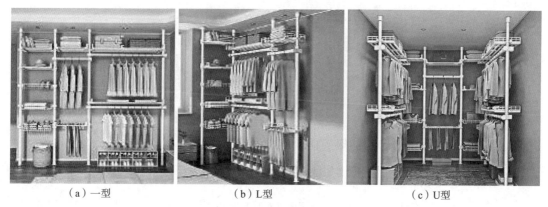

（a）一型　　　　　　　　　（b）L型　　　　　　　　　（c）U型

图2-119　立柱式衣帽间的组合形式

（a）层板、鞋架支撑配件　　　　（b）抽屉、衣通支撑配件　　　　（c）墙面立柱及配件

图2-120　墙面式衣帽间构成

加得心应手；增加了悬挂抽屉、鞋架层板配置，收纳功能更加完善；和立柱式衣帽间一样，层板位置、悬挂配件的位置都具有可调性。

　　衣柜式衣帽间是使用较多的一种形式，造价相对便宜。该衣帽间内布置组合衣柜，由层板柜、挂衣柜、抽屉柜、鞋柜等单体柜组成，如图2-122所示。

　　衣柜式衣帽间内的组合衣柜可以配置门板，也可以不配置门板，常用的组合形式有一型、L型和U型，如图2-123所示。

🎓 学习思考

　　Q19. 可伸缩的配件对立柱式衣帽间的设计有什么意义?

　　Q20. 设计一款1450mm×3000mm的立柱式衣帽间，画出其配置构架图。

　　Q21. 设计一款2000mm×3000mm的墙面式衣帽间，画出其规划图。

图2-121　墙面式衣帽间

图2-122　衣柜式衣帽间

（a）L型衣柜式衣帽间　　（b）U型衣柜式衣帽间
图2-123　衣柜式衣帽间的形式

L型和U型组合衣柜都会有转角柜，常用的为L型的转角形式，如图2-124所示，其常规尺寸为900mm×900mm。另一种转角形式是五角柜，转角尺寸为900mm×900mm，1000mm×1000mm，1100mm×1100mm，1200mm×1200mm等，常见形式如图2-125所示。

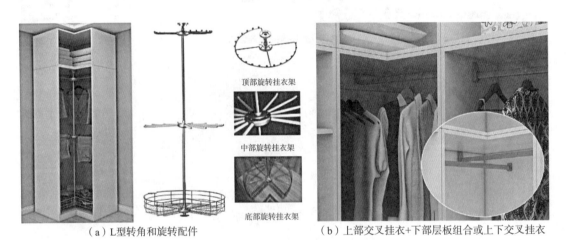

（a）L型转角和旋转配件

顶部旋转挂衣架

中部旋转挂衣架

底部旋转挂衣架

（b）上部交叉挂衣+下部层板组合或上下交叉挂衣

图2-124　衣柜L型转角形式

二、床垫的种类与选择

床垫是床的配套产品，其幅面尺寸应与床相配套，常用规格为800mm×2000mm，900mm×2000mm，1000mm×2000mm，1200mm×2000mm，1350mm×2000mm，

📖 **学习思考**

Q22. 墙面式衣帽间由哪些功能部件构成？

Q23. 衣柜式衣帽间由哪些单体柜构成？

Q24. 设计一款1650mm×2800mm的L型衣柜式衣帽间，并画出其三视图。

（a）层板柜+挂衣（上下）组合　　　（b）上下交叉挂衣组合　　　（c）两边层板柜+中间上下交叉挂衣组合

图2-125　衣柜五角形转角形式

1500mm×2000mm，1800mm×2000mm等；厚度规格有50，80，100，120，150mm等，不同厂家、不同品牌、不同材料的床垫的厚度有些差异。

常用的床垫有乳胶床垫、棕垫床垫、黄麻床垫、海绵床垫等。

乳胶床垫是指将橡胶树上采集来的树汁，运用现代化设备和技术，经过起模、发泡、凝胶、硫化、水洗、干燥、成型和包装等生产工艺，制成具有优良性能、适合人体优质健康睡眠的现代化绿色寝室用品，如图2-126所示。乳胶海绵为全部连孔或绝大部分连孔、少部分不连孔的多孔性橡胶材料，是乳胶制品中耗用乳胶量最大的一种，具有弹性高、吸收震动、耐压缩、耐疲劳、承载性好、舒适耐久等特点。

乳胶床垫具有高弹性，可以满足不同体重人群的需要，其良好的支撑能力能够适应睡眠者的各种睡姿。乳胶床垫接触人体面积的比例比普通床垫高出很多，能平均分散人体重量的承受力，具有矫正不良睡姿的功能，更有杀菌的功效。乳胶床垫的另一大特点是无噪声、无震动，能有效提高睡眠质量，透气性较好，市场价格比较高。

乳胶床垫有无数的气孔，透气性佳，且因气孔表面是平滑的，故螨虫等无法附着，乳胶汁散发的香味也令许多蚊虫不愿靠近。乳胶床垫的弹性极佳，不变形，可清洗，经久耐用。

乳胶接触紫外线时会产生氧化，因此乳胶床垫要注意保养，不要长期暴露在阳光下。

乳胶床垫可以单独使用，也可以配合弹簧、黄麻或透气芯材层等材料制成高级床垫。

学习思考

Q25. 画出900mm×900mm L型转角柜的三视图，并完成其部件拆单，板厚18mm，背板厚5mm。

Q26. 画出900mm×900mm五角形转角柜的三视图，并完成其部件拆单，板厚18mm，背板厚5mm。

Q27. 床垫长度2000mm的依据是什么？

组合后的床垫性能更好，厚度可达200～260mm，如图2-127和图2-128所示。

棕垫有山棕、椰棕两种。据史料记载，山棕最早出现于商周时期，这时人们开始用棕叶、棕丝制成蓑衣用于防雨。唐朝时期，海边渔民利用棕丝防水、高韧性的特点，将其编成绳子泡在海水里养海带。唐朝时期发明了"手工山棕床垫"，而后在宋朝逐渐普及，到了建国时期又发明了有弹性的"棚子床"（山棕绳编成网+木头框）。山棕主要分布于云南、贵州、四川、重庆等地区，其中以云贵高原山区最为集中，该区山棕的品质相对其他地区也要更好一些。山棕的特点是纤维比较粗、长，弹性和柔韧性比较好。椰棕是椰壳经过碾压、蒸煮除糖、纤维提取、烘干等工序制成椰丝，再加入黏合剂压制或低熔棉热压成型制成的。椰棕的纤维比较短，弹性和柔韧性不及山棕，价格也更便宜。

椰棕的纤维比较短，制作床垫时需要加入黏合剂压制，很容易出现甲醛超标的情况；除了黏合以外，因为椰棕含糖量较高，还需要进行脱糖处理，不然后期很容易出现虫蛀等情况。

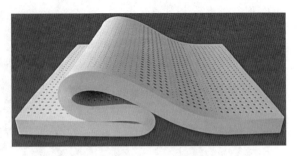

图2-126　乳胶床垫

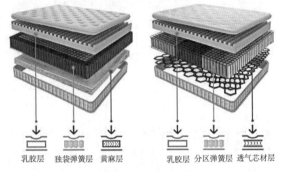

乳胶层　独袋弹簧层　黄麻层　　　乳胶层　分区弹簧层　透气芯材层

图2-127　乳胶床垫的构成

图2-128　乳胶床垫成品

山棕可以采用胶黏剂粘连，因为其纤维较长，黏合剂的用量会少一些。除此之外，还有手工编织的方式，手工编织的山棕环保性极高。胶压椰棕和编织山棕见图2-129。

棕垫床垫采用胶黏剂压制成型，其硬度较高，厚度较小，一般为50～150mm。

🎓 **学习思考**

　　Q28. 乳胶床垫对睡眠有哪些益处？

　　Q29. 徒手绘制"棚子床"的透视图。

黄麻是近几年才开始流行的床垫材料。麻纤维为中空菱形结构，吸湿比棉织物大，散湿也快。古人爱用麻作为衣服，耐磨耐脏，并且独具凉爽感，导热透气。人们还发现用麻袋装大米等粮食，不易受潮发霉，可以防虫蛀。黄麻床垫的品质高，纤维紧密，牢固可靠，回弹性好，吸湿排湿性强，不生虫不发霉，如图2-130所示。

（a）胶压椰棕　　　　　（b）编织山棕

图2-129　胶压椰棕与编织山棕对比

海绵是目前床垫中使用率最高的一种填充材料，其是用聚氨酯软发泡形成的高分子材料，如图2-131所示。大多数床垫都使用海绵作为填充物。

图2-130　黄麻床垫

高密度海绵的密度一般大于45kg/m^3，通常用于沙发和床垫等日常使用的家居用品。普通海绵密度会低很多，一般用来做保护材料。

海绵的优点：轻便、舒适，触感柔软舒适，弹性较好，价格便宜。海绵的缺点：支撑性一般，长期使用容易让肌肉处于紧张状态；普通海绵透气性一般，长期使用不利于身体健康。

海绵床垫的结构与乳胶床垫相同，但其柔软舒适度比不上乳胶床垫。

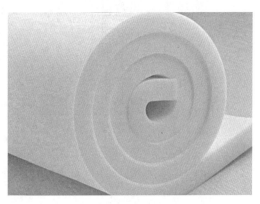

图2-131　聚氨酯发泡海绵

🎓**学习思考**

Q30. 黄麻作为床垫材料的优点有哪些？

Q31. 简述海绵的选择与应用。

任务 **6** 书房空间定制家具设计

📋 任务描述：书房定制家具设计

根据所提供的某书房房型图（图2-132），完成书房的布置及家具设计。

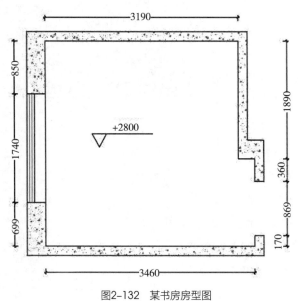

图2-132　某书房房型图

任务分析

该任务是对所提供的书房空间进行布置与家具设计，完成该任务应具有以下知识与技能。

▌知识目标

❶ 掌握书房布置设计的基础知识。

❷ 掌握书房家具——书柜、书桌等的基础设计知识。

🎓学习思考

Q1. 图2-132中，"▽ +2800 "表示的是什么？

▌技能目标

❶ 具有书房空间布置设计及绘图表现的能力。

❷ 具有书房家具尺寸设计、功能设计、造型设计、结构设计的综合能力。

知识与技能

一、书房的布置设计

书房，古称书斋，是专供学习、阅读、书画或工作之用的单独房间，一般为封闭或半封闭空间。对于从事文教、科技、艺术工作的主人来说，书房的存在非常必要，其还可以作为子女学习的场所。

书房具有双重性，既是办公室的延伸，具有办公的性质，有常用的办公用品及设施，如电脑、办公桌、书柜等，又是家庭生活的一部分，设施有别于办公室，具有个性、温馨的软装风格与家的温暖和随意，所以书房在住宅空间中具有特殊的地位。

书房具有独立性。学习和办公需要安静的环境才能静心潜读，因此书房的布置、规划、用色、用材都应表现出雅静的特征。

书房具有一定的严肃性。书房与其他空间融为一体，但又有别于其他空间。所设计的书房要远离喧嚣、热闹，要清静、舒适、肃穆，这样使用者方能轻松自如地投入学习和工作中，所以书房是办公室的延伸，又被称为家庭办公室。

书房的布置设计应着重考虑以下几点。

◆ 安静、稳定、光线好是工作学习的首要条件，所以书房应选择有窗、通风、采光好和相对安静的区域。

◆ 书房面积不宜太小，一般不低于$10m^2$，窄小的空间不利于心情放松。

◆ 面积较大的书房可以划分为办公区、会客区、休闲区。主人会见特殊客人时私聊，适合在会客区进行；工作疲倦后，可以在休闲区活动、健身、茶饮和按摩。书房是主人家庭办公的综合性场所。

◆ 书房家具根据面积、个人需要配置，必备的有写字台、书柜和座椅等，有绘画书法需求的宜配置书画桌。接待区配置单体沙发、茶水柜、茶几即可，休闲区宜配置按摩椅等。

◆ 书桌、座椅不要安放在房梁下，否则会使主人工作时心神散乱、心情压抑。

✎学习思考

Q2. 如何理解书房的双重性?

◆ 书柜不宜太高，过高会使取放书籍不方便，到顶的书柜也易产生压抑感。

◆ 书桌不要背光，背光会对视力造成影响。

◆ 随着信息化时代的发展，书房应有电脑和网络。

◆ 没有独立书房的居住空间，可以在其他空间如卧室、阳台等地方划分出2~3m²的区域供学习办公使用。

图2-133为独立书房的平面布置图，划分为藏书区、工作区、休息区和活动区四个区域，并配置相应的家具设施。

图2-134为区域性书房的平面布置图，仅有藏书区和工作区，配置了基本的家具设施。

二、书房的家具设计

❶ 书桌设计

书桌是书房家具的重点，有板式、框式结构之分。板式结构的书桌形式简单，一般由底座、台面、柜桶、抽屉等部件构成。

书桌可以分为独立式书桌、组合式书桌两种类型。

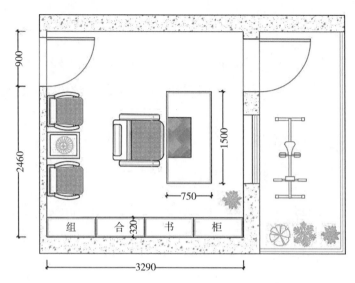

图2-133　独立书房平面布置图

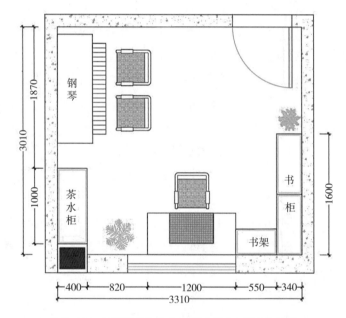

图2-134　区域性书房（书房+琴房组合）平面布置图

独立式书桌类似于办公桌，可以自由移动和摆放，一般用于面积较大的书房。独立式书桌分为带附桌和不带附桌两种情况，即一型和L型，如图2-135所示。一型书桌根据柜桶的数

🎓**学习思考**

Q3. 谈谈书房的功能设计。

（a）一型独立式书桌　　　　　　　　　　（b）L型独立式书桌

图2-135　独立式书桌的两种形式

量，又可分为双柜桌、单柜桌和单层桌三种；按照柜桶的形式，有吊桶和着地两种。常见一型书桌的形式如图2-136所示。L型书桌一般由主桌、附桌和抽屉柜组合构成，如图2-137所示。

（a）双桶离地桌　　（b）双桶着地桌　　（c）单层桌

图2-136　常见一型书桌的形式

组合式书桌是指书桌和书柜、地柜、衣柜、床头柜等组合在一起，不能随意移动的一种书桌，适合面积较小的书房或不是独立书房的学习和工作区域使用，如图2-138所示。

书桌的尺寸分为儿童书桌和成人书桌两种，表2-15为中小学课桌椅高度的国家标准。

图2-137　L型书桌的构成

🎓 **学习思考**

Q4. 书桌分为哪两种类型？

Q5. 吊桶离地的合适高度为多少？

（a）书桌与书柜组合（一型）

（b）书桌与书柜组合（L型）

（c）书桌与衣柜组合（一型）

（d）书桌与衣柜组合（L型）

（e）书桌与书架组合

图2-138　组合式书桌的形式

表2-15　中小学课桌椅各型号的标准身高、身高范围及颜色标志（GB/T 3976—2014）

课桌椅型号	桌面高/mm	座面高/mm	标准身高/cm	学生身高范围/cm	颜色标志
0号	790	460	187.5	≥ 180	浅蓝
1号	760	440	180.0	173 ~ 187	蓝
2号	730	420	172.5	165 ~ 179	浅绿
3号	700	400	165.0	158 ~ 172	绿
4号	670	380	157.5	150 ~ 164	浅红
5号	640	360	150.0	143 ~ 157	红

🎓 学习思考

Q6. 什么是组合式书桌？

Q7. 举例说明书桌的几种组合形式。

续表

课桌椅型号	桌面高/mm	座面高/mm	标准身高/cm	学生身高范围/cm	颜色标志
6号	610	340	142.5	135～149	浅黄
7号	580	320	135.0	128～142	黄
8号	550	300	127.5	120～134	浅紫
9号	520	290	120.0	113～127	紫
10号	490	270	112.5	≤119	浅橙

注：（1）标准身高系指各型号课桌椅最具代表性的身高，对正在生长发育的儿童青少年而言，常取各身高段的组中值。
　　（2）学生身高范围厘米以下四舍五入。
　　（3）颜色标志即标牌的颜色。

成人的桌椅高差配合见表2-16。

表2-16　成人桌椅高差配合　　　　　　　　单位：mm

尺寸示意图	参数	要求
	H	680～700
	H_1	400～440，软面≤460（不含下沉量）
	$H-H_1$	250～320
	H_3-H_1	≥200
	H_3	≥580

独立式书桌的桌面尺寸一般采用2∶1的比例，如1200mm×600mm，1300mm×650mm，1400mm×700mm，1600mm×800mm，1800mm×900mm，2000mm×1000mm等。按照桌面的大小，习惯将独立式书桌分为小班台（＜1400mm）、中班台（1400～1600mm）、大班台（＞1600mm）。桌面宽度1500mm以上的书桌适合做成带附桌的L型书桌。

独立式书桌的造型可以从面板、底座、背板、柜桶形状等多个方面着手，图2-139都是造型美观的书桌。在结构设计方面，书桌背板为看面，所以使用硬板。桌面上方不起围时，一般都是顶板盖侧板结构；侧面起围时，一般为侧板夹顶板结构，如图2-140所示。

🎓学习思考

Q8. 简述成人桌椅高差配合250～320mm的由来。

（a）简洁的圆形柜桶与台面造型

（b）轻奢意式极简书桌造型

（c）简约时尚书桌造型

图2-139　造型美观的书桌

❷ 书柜设计

书柜也是书房家具中必不可少的产品，其用于存放书籍、办公用品等，又称为书架、书橱、书格等。

书柜的功能主要表现在三个方面：收纳、陈列与藏书。收纳是指对日常使用、随时翻阅的书籍及办公用品进行分类收拾，要求寻找方便、取放自如，一般适合设计在书柜的中上部空间；陈列主要是工艺品、美术品的陈列，以展示为主，适合设计在书柜中上部；藏书是对经典书籍、古典书籍进行收藏，适合设计在下部有门板的书柜内。综上所述，书柜的设计从高度层面可以划分为

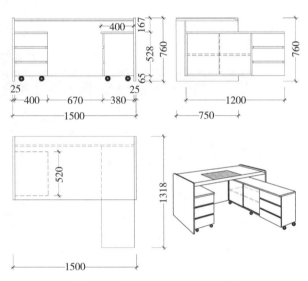
图2-140　书桌侧面起围时的顶板结构

2～3个区域：底层储藏、中层收纳、上层收纳加陈列，如图2-141所示。

书柜尺寸在保证外部尺寸符合空间要求外，还应考虑内部层高尺寸，层高应与书籍高度相匹配。由于书籍较重，为防止层板变形，书柜的宽度不宜太大，特别是以人造板材为基材定制的书柜，宽度应控制在800mm左右。按照国家标准，书柜的深度应为350～400mm，高度应为1200～2200mm。高度1200mm左右的书柜属于半高柜，带台面，如图2-142所示，一般用于较

🎓 学习思考

Q9. 举例说说书桌造型设计的思路。

Q10. 书桌背板设计为硬背板的原因是什么？

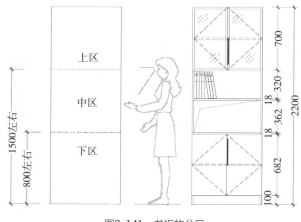

图2-141 书柜的分区

图2-142 半高书柜（文件柜）

大面积的书房或办公室。

书柜内部层高（层板间距）应符合国标要求，即放置32K书籍时的层高≥230mm，放置16K书籍时的层高≥310mm。下部门板的高度应略高于或等于书桌的高度760mm，包脚高度80～100mm，亮脚高度100～150mm。

书柜靠墙放置时，背板采用薄板，一般四方进槽安装；书柜兼做隔断柜时，背面作为看面，宜使用硬板（厚板）作为背板。

▌ 任务实施

书房的功能比较单一，完成该任务应按以下步骤实施。

步骤一：确定书房的类型是独立式书房还是区域式书房。独立式书房主要考虑藏书、书籍收纳、工作学习、放松休闲等功能；区域式书房是多功能场所划分出一定的区域作为学习工作使用，如卧室+书房，琴房+书房等组合形式。区域式书房以学习工作、书籍收纳等功能为主，一般设计多功能组合家具。

步骤二：完成书房的布置设计，从书桌的摆放位置入手，再考虑书柜和其他功能性家具。

步骤三：确定书房家具的平面尺寸，主要是书桌和书柜的形式与大小。

步骤四：完成书房家具的立面设计，包括立面尺寸、造型等。

步骤五：优化设计，综合分析家具的尺寸、结构、工艺、安装等，形成最佳方案。

▌ 归纳总结

❶ 知识归纳：该任务包含的主要知识如下。

🎓 **学习思考**

Q11. 举例说明书柜的功能及区域划分。

Q12. 举例谈谈书柜立面虚实设计的一般规律。

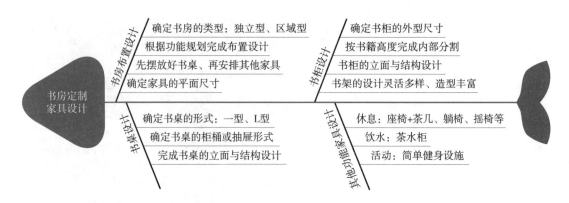

❷ 任务总结：通过该任务的实施，完成给定书房的布置与家具设计，参考如图2-143所示。

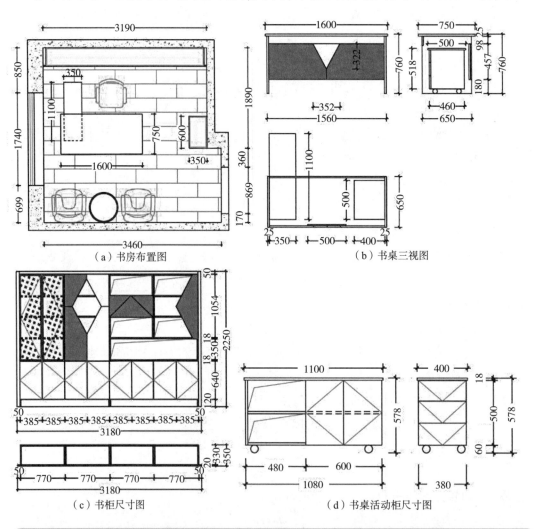

（a）书房布置图

（b）书桌三视图

（c）书柜尺寸图

（d）书桌活动柜尺寸图

🎓 **学习思考**

Q13. 图2-143的书柜为嵌入式安装，读图分析书柜与墙面、顶棚收口处理的工艺措施。

Q14. 书桌背板的V形设计是如何实现的？

拓展提高：书架的形式与设计

书架是书柜的另一种形式，其设计比较灵活自由，有壁挂式、落地式、台面式、钢木结合式等常见形式。多姿多彩的书架有利于活跃书房氛围，如图2-144所示。

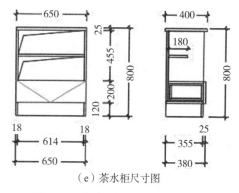

（e）茶水柜尺寸图

图2-143 书房的布置与家具设计参考

（a）台面式书架

（b）树形落地式书架

（c）落地式书架

（d）落地旋转书架

（e）悬挂式书架

图2-144 书架的形式

书架一般采用开放式设计，用于收纳常用的书籍与杂志，随用随放、方便实用。书架上也可以收纳个人的装饰品，增加个人的兴趣爱好，所以书架的装饰性、实用性非常强。

学习思考

Q15. 徒手绘制表现两款造型美观的书架。

Q16. 总结归纳书架造型设计的一般规律。

Q17. 举例说明对称与均衡原理在书架设计中的应用。

任务 **7** 其他空间定制家具设计

任务描述：卫生间、餐厅、阳台定制家具设计

根据所提供的卫生间、餐厅、阳台的量房尺寸（图2-145），完成三个空间的布置及家具设计。

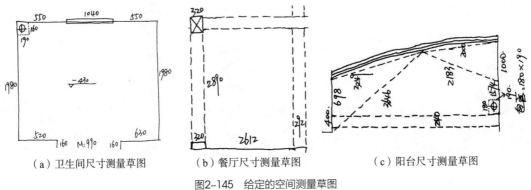

（a）卫生间尺寸测量草图　　　（b）餐厅尺寸测量草图　　　（c）阳台尺寸测量草图

图2-145　给定的空间测量草图

任务分析

该任务涉及三个空间，各个空间的布置相对简单，配置的家具也较少。完成该任务应具有以下知识与技能。

▌知识目标

❶ 掌握卫生间布置及家具设计的专业知识。

❷ 掌握餐厅布置及家具设计的专业知识。

❸ 掌握阳台布置及家具设计的专业知识。

▌技能目标

❶ 具有合理规划卫生间并完成家具设计的能力。

🎓 学习思考

Q1. 图2-145（a）中，"-430"表示什么意思？

❷ 具有合理规划餐厅并完成家具设计的能力。

❸ 具有合理规划阳台并完成家具设计的能力。

📖 知识与技能

一、卫生间的布置与家具设计

❶ 卫生间的布置

卫生间主要是三大功能的规划与布置，即如厕、洗浴、盥洗。因此，卫生间可以分为独立型、兼容型、部分独立型三种。独立型是指三大功能完全分开，各居一个封闭、互不干扰、独立使用的空间，这种形式的卫生间使用方便，但面积要求较大。兼容型是指三大功能在一个封闭的区域，不能独立使用，优点是节省空间、管线布置简单、经济适用。部分独立型是指将其中的某一功能独立出来，另外的两项功能合在一起，如盥洗独立，形成干湿分区。这种形式的卫生间使用起来比较方便，但是面积要求相对较大，布置相对较复杂。大多数住宅空间都是部分独立型或兼容型。

布置卫生间前，首先要确定卫浴设施的类型。

◆ 蹲便器：大致规格为530mm×430mm×190mm（不同厂家有区别）。常用的蹲便器有四种，如图2-146所示。

◆ 坐便器：大致规格为380mm（W）×700mm（D）×660mm（H）（不同型号、厂家有区别），排污口距离墙面的尺寸（坑距）有250，300，350，400mm四种，如图2-147所示。

◆ 淋浴房：包括整体淋浴房和定制淋浴房。整体淋浴房能实现干湿分离，有扇形、长方形、长方圆形等，

（a）蹲便器的外形

带弯前排水　　　　　带弯后排水

未安装防臭弯管、坑距46～70cm的蹲便器　　未安装防臭弯管、坑距30～45cm的蹲便器

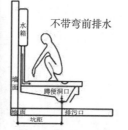

不带弯前排水　　　　　不带弯后排水

已安装防臭弯管、坑距46～70cm的蹲便器　　已安装防臭弯管、坑距30～45cm的蹲便器

（b）蹲便器的种类

图2-146　蹲便器的外形与种类

🎓 学习思考

Q2. 卫生间分为哪三种类型？

Q3. 如何理解干湿分区？

如图2-148所示。扇形淋浴房有800mm×800mm，900mm×900mm，1000mm×1000mm，1100mm×1100mm等规格，高度2100mm；长方形淋浴房有900mm×1200mm，900mm×1300mm，1000mm×1200mm，1100mm×1400mm，1200mm×1700mm，1200mm×1900mm等规格；长方圆形淋浴房有800mm×1100mm，800mm×1200mm等规格。定制淋浴房可以按照自己的空间尺寸定制，宽度或长度一般不小于800mm，否则使用起来不方便。

图2-147　坐便器

（a）扇形淋浴房

（b）长方形淋浴房

图2-148　整体淋浴房

◆ 花洒：为最直接的淋浴方式，不占空间且使用方便，但是淋浴时水会飞溅，冬天保暖性差，如图2-149所示。

◆ 卫浴柜：可以购买成品，也可以定制。图2-150为成品卫浴柜，台面为整体陶瓷面盆，常用台面长度有600，700，800，900，1100，1200mm等（厂家不同时规格略有差异），深度500～600mm。定制卫浴柜可以按照空间尺寸定做。

独立型卫生间三大功能各自分开、互不干涉，不需要考虑太复杂的布局。部分独立型、兼容型卫生间布置是学习的重点。

部分独立型卫生间一般是将盥洗独立，因为盥洗的频率更高。该类卫生间的管线布置相对简单，引起地面水湿的概率较小。独立后的空间俗称干区，如厕和洗浴的空间因使用特点相近集中构成湿区，这种干湿分区的处理方式较多，如图2-151所示。

兼容型卫生间的布置须首先确定坐便器或蹲便器的位置，对于平层（地面没有下沉）卫生间，

🎓 学习思考

Q4. 估算蹲便器和坐便器需要的面积。

Q5. 为什么淋浴房宽度或长度不能小于800mm?

Q6. 陶瓷台面的卫浴柜有何特点?

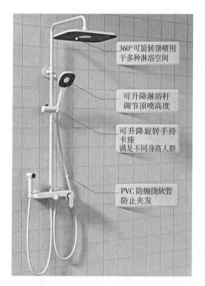

图2-149　花洒

图2-150　成品卫浴柜

排污口的位置已经固定，坐便器或蹲便器的位置不能变动。其次，确定洗浴类型，考虑有没有合适的位置安放淋浴房，不能安放淋浴房则考虑安装花洒。最后，确定卫浴柜的位置。在图2-152所示的兼容型卫生间中，坐便器、卫浴柜、扇形淋浴房呈三角形布置，使用起来比较方便。

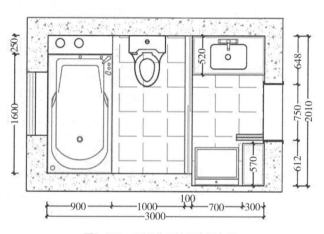

图2-151　干湿分区的卫生间布置

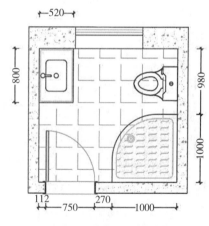

图2-152　兼容型卫生间布置

❷ 卫生间家具设计

卫生间的主要家具是卫浴柜，其一般由地柜、面盆台面、吊柜、化妆镜等部分组成。

🎓 **学习思考**

Q7. 兼容型卫生间布置的一般顺序是什么？

卫浴柜中的地柜可以采用悬挂式、落地式两种结构，如图2-153所示。卫浴柜的柜体结构、材料与厨柜相似，一般采用18mm厚的三聚氰胺浸渍纸饰面板制作，门板材料可以按照厨柜门板材料选择。

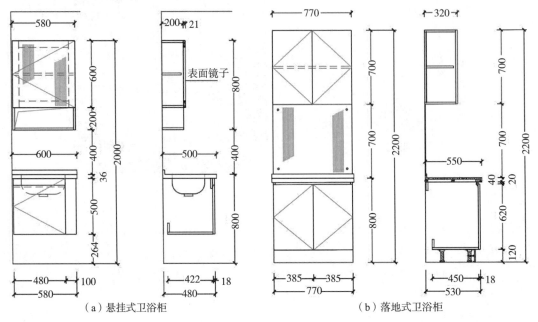

（a）悬挂式卫浴柜　　　　　　　　　　　　（b）落地式卫浴柜

图2-153　卫浴柜的安装形式

卫浴柜的台面有人造石和陶瓷两种，如图2-154所示。人造石台面需要再接装面盆，有台上盆、台面盆、台下盆三种，其尺寸可以按需定制。陶瓷台面一般是整体面盆，尺寸固定，只能选择合适的规格，其常用规格有600mm×500mm，700mm×500mm，800mm×500mm，900mm×500mm，1000mm×500mm，1100mm×500mm，1200mm×500mm等。

化妆镜可以安装在吊地柜中间的墙面上，也可以安装在吊柜门板表面。安装在门板表面时，吊柜的安装高度（离台面高度）应在400mm左右，确保镜子的中心高度与人眼的高度相近，即镜子中心高度为1500～1800mm。

吊柜宽度一般与地柜宽度相协调，高度可以按需设计，深度≤二分之一台面深度。吊柜表面安装镜子时，门板宽度不宜太窄。

🎓**学习思考**

Q8.　以图2-153为例，总结卫浴柜的功能设计及区域规划方法。

Q9.　比较三种形式的人造石台面面盆的优缺点。

Q10.　简述化妆镜中心安装高度1500～1800mm的由来。

（a）人造石台面台下盆　　（b）人造石台面台上盆　　（c）人造石台面面盆　　（d）陶瓷台面整体盆

图2-154　卫浴柜面盆的形式

二、餐厅的布置与家具设计

❶ 餐厅的布置

餐厅（Dining Room）是指家人、客人进餐的场所。随着现代生活方式的改变，餐厅也承担了聚会、娱乐的一些功能，传统的独立餐厅模式逐渐转化为餐厨合一、餐吧合一、客餐厨合一等多种模式。

餐厅和厨房是相互关联的两个空间，传统独立的餐厅是相对于厨房而言。中式烹饪油烟较大，大多设计独立封闭的厨房空间，餐食加工者与家庭成员之间的互动性、交融性较差，易导致餐食加工者心情压抑。随着人们认知的改变，厨房的大门逐渐打开或取消，厨房与餐厅多采用半开放移动门隔断或餐厨合一的开放模式。

LDK是指客厅（Living Room）、餐厅（Dining Room）、厨房（Kitchen Room）空间互通互融的空间模式，可以打造客餐空间一体化设计，增大室内空间面积的有效利用率，扩大餐厅的功能，是目前比较前卫的设计方式，如图2-155所示。

LDKB是指客厅、餐厅、厨房及阳台（Balcony）四个空间连为一体的空间模式。该模式将整个室内空间划分为两大块：公共空间与私密空间（卧室等），使得入户后的视觉效果更加宽敞、明亮、通透，面积利用率

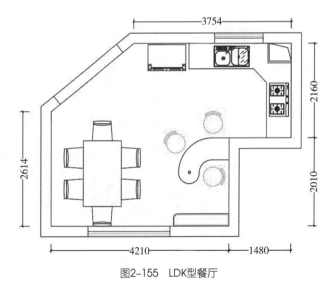

图2-155　LDK型餐厅

🎓 **学习思考**

Q11. 总结餐厅布置的一般方法与规律。

更高，形成了一体化、多功能的家庭社交场所。

无论哪一种模式，布置时都应从餐桌的摆放开始。空间面积较大时。餐桌可以居中放置，进餐也不用移动餐桌；面积较小时，建议将餐桌一端靠墙，人多进餐时可以移动到中间位置。

❷ 餐厅家具设计

餐厅的主要家具有餐桌、餐椅、餐边柜等。餐桌和餐椅一般采用框式结构的实木家具，餐边柜既可以选择配套的实木家具，也可以选择板式结构的定制家具。

餐边柜可以分为独立式、组合式两种。独立式餐边柜有平台面、起围台面两种，如图2-156所示。组合式餐边柜一般由地柜、吊柜、高立柜、层架柜等单体柜组合而成，如图2-157所示。

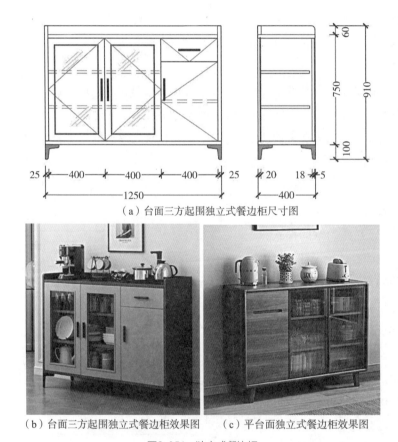

（a）台面三方起围独立式餐边柜尺寸图

（b）台面三方起围独立式餐边柜效果图　　（c）平台面独立式餐边柜效果图

图2-156　独立式餐边柜

🎓 学习思考

Q12. 如何选择餐边柜的形式?

Q13. 总结独立式餐边柜功能设计及区域规划的方法。

（a）组合式餐边柜效果图

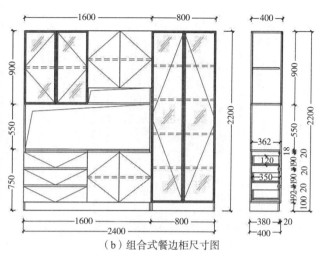

（b）组合式餐边柜尺寸图

图2-157　组合式餐边柜

　　餐边柜的宽度一般根据布置图决定，取决于空间的大小及布置形式，深度一般为350～450mm，中高餐边柜高度为1200mm左右，高餐边柜高度为1800～2200mm。

　　餐边柜的主要功能是茶饮和酒水存放及陈列等，一般下部设计成门板和抽屉，上部设计为玻璃门或开放陈列柜等。

　　餐边柜一般沿墙放置，背板采用薄板四方进槽结构。利用餐边柜作隔断时，餐边柜的背板成为看面，则采用硬背板结构。

三、阳台的布置与家具设计

　　阳台是室内空间向室外（大自然）的延伸，是居住者运动观赏、锻炼纳凉、洗衣晾晒、养花种植、堆放储物、呼吸新鲜空气的多功能场所。阳台的面积不大，但布置得好就会成为一个居家小花园。

　　阳台根据所在位置分为两种：一种是与客厅、卧室或书房相连的阳台，面积较大，俗称生活阳台，可以锻炼、观赏、纳凉、养花、洗衣、晾晒等，功能较多；另一种是与厨房相连的阳台，俗称服务阳台，主要是为餐厨服务，可以理菜、洗衣、晾晒、做家务等。

　　阳台一般为窄长型空间，家具多放在端头或沿墙面布置，留下更多的活动空间。阳台家具主要是储物柜、洗衣机柜等。

　　图2-158为阳台储物柜，为使阳台整洁、储物干净，采用全封闭的门板结构。柜体深度一般为400～600mm；高度可以考虑到顶，增大储物量；宽度以阳台宽度为准。储物柜一般安放

🎓**学习思考**

　　Q14. 从造型设计虚实对比的原理，分析组合式餐边柜虚实设计的一般规律。

　　Q15. 举例说明阳台空间的功能及区域划分。

　　Q16. 储物柜深度400～600mm的依据是什么？

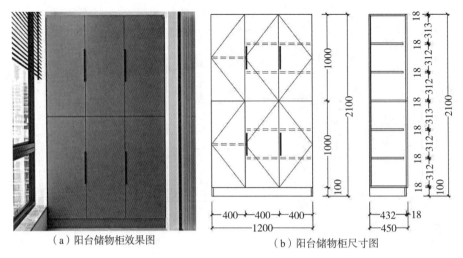

（a）阳台储物柜效果图　　　　　（b）阳台储物柜尺寸图

图2-158　阳台储物柜

在阳台端头的位置。

图2-159为阳台洗衣机柜，有高低台面和平台面两种，可以将滚筒洗衣机嵌入柜体中，机洗、手工搓洗相结合，简洁实用。

（a）阳台洗衣机柜尺寸图　　　（b）高低台面阳台洗衣机一体柜（c）平台面阳台洗衣机一体柜

图2-159　阳台洗衣机柜

🎓 学习思考

Q17. 总结归纳阳台洗衣机一体柜的形式与功能。

Q18. 以图2-159（c）为例，分析洗衣机一体柜的尺寸。

▍**任务实施**

该任务包括了卫生间、餐厅、阳台三个空间的布置与家具设计。这三个空间在住宅环境中的面积都不算大,但地位却不容忽视。完成该任务应从以下几个步骤实施。

步骤一:根据测量尺寸绘制空间平面图,完成布置设计。每个空间都要抓住重点,围绕重点合理规划。由于这三个空间面积都不大,布置时应充分考虑人在空间中的活动范围与规律,不能使人的活动受限。

步骤二:根据空间布置确定家具尺寸。阳台空间是储物和放置洗衣机的理想场所,也是人们登高远眺、从室内眺望室外风景的唯一场所,所以阳台的规划布置不宜设置过多的家具和设施。

步骤三:完成家具的立面设计和结构设计等。

步骤四:优化设计方案。

▍**归纳总结**

❶ 知识梳理:该任务包含的主要知识如下。

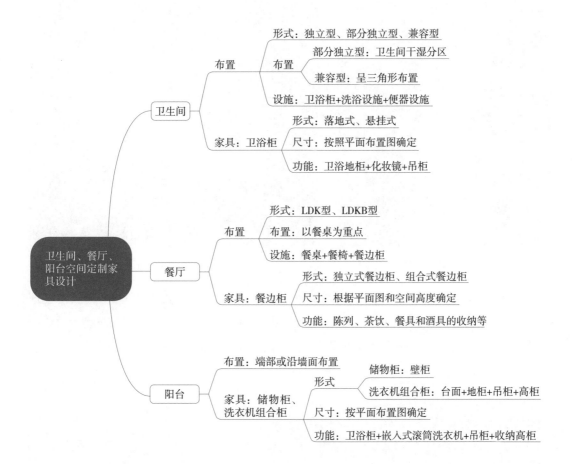

❷ 任务总结：通过该任务的实施，完成餐厅空间的家具设计。

♣ 拓展提高

一、立柱式面盆的应用

立柱式面盆是一种占地面积小、简单实用的洗漱洁具，如图2-160所示。立柱式面盆采用陶瓷材料制成，款型多种多样，其中三角多边型的面盆可以安放在角落，提高空间利用率。

二、浴缸的选择与应用

浴缸是泡澡的专用设施，按照材质的不同，有铸铁浴缸、压克力浴缸、木质浴缸等。现代的浴缸大多采用压克力表层和玻璃钢里层复合而成，如图2-161所示，具有造型丰富、质量小、表面光洁度好、经济适用等优点，但存在表面压克力层耐磨性差、耐高温性差、表面易老化发黄等缺点。

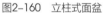

图2-160　立柱式面盆

图2-161　压克力浴缸

铸铁浴缸是指采用铸铁作为里层、搪瓷作为面层的浴缸，如图2-162所示。铸铁浴缸壁厚，具有保温性能好、使用时不产生噪声、稳定性好、耐用等优点，且表面搪瓷光滑平整、耐磨性好、便于清洁。但是，铸铁浴缸质量大、价格高，仅受到部分高端消费者的青睐。

> 🎓 **学习思考**
>
> Q19. 举例说明立柱式面盆的应用环境。
>
> Q20. 比较三种材质的浴缸的性能与特点。

（a）独立式铸铁浴缸　　　　　　　　　　　（b）嵌入式铸铁浴缸

图2-162　铸铁浴缸

木质浴桶（盆）是中国传统的沐浴设施，具有上千年的历史，如图2-163所示。木质浴桶一般以云杉、香柏木、橡木等木材为原料制作而成，具有天然环保、健康舒适的特点，近年来受到更多年轻人的追捧和喜爱。

木质浴桶采用椭圆、深型设计，使用时人的全身浸泡在水中，通过自然水力按摩，可以增强心肺功能、消除疲劳，同时保温性极佳，人们置身其中可感到非常温暖。

图2-163　木质浴桶

木质浴桶长度为900～1500mm，消费者可以根据身高情况及浴室空间大小进行选择。一般身高1.70～1.75m的消费者购买1300mm长的木质浴桶比较合适，身高1.75～1.80m的消费者购买1500mm长的木质浴桶为宜。木质浴桶的常见规格为1300mm×660mm×700mm，1400mm×700mm×660mm，1400mm×700mm×680mm，1500mm×700mm×660mm，1500mm×720mm×680mm等。

三、岩板餐桌的应用

岩板是近年来比较流行的桌面、墙面、台面装饰材料，它是由天然矿物颜料经过特殊工艺，借助万吨压机压制，再经过1200℃左右的高温烧制而成的，能够经过切割、钻孔、打磨等加工工艺，是一种超大规格的新型表面装饰材料。

🎓**学习思考**

Q21. 木桶浴源于中国，历史悠久。请从木材构造的角度分析木桶浴的优点。

岩板具有以下性能特点。

◆ 天然原料，性能胜于石材：岩板生产所需的材料取自天然矿物质，经过先进的工艺制成。既有天然石材的美感，又有优于天然石材的质感与强大的可塑性。

◆ 超大规格：超岩板有1600mm×3200mm，1200mm×2700mm，1200mm×2400mm等超大规格，常用厚度有6，12，20mm三种。有时也可生产3mm左右的超薄岩板。

◆ 纹理多样、色泽丰富：岩板纹理多样，涵盖了大理石、金属、木纹、皮纹、纯色等100多种；有亮光、细亚、粗亚、精雕、凹凸等多种表面，还具有质感与性能都更胜一筹的天鹅绒面。

◆ 防火、耐高温：相较于天然石材和石英石，岩板遇数千摄氏度的高温也不变色、不断裂。岩板的防火阻燃性能达到A1级，不起明火、不变色、无有毒物质释放。

◆ 高硬度、耐刮磨：岩板的质地坚硬，比天然石材和石英石更耐刮擦。好的岩板的莫氏硬度能达到六级，具有超高硬度，耐用可靠。

◆ 防污、防渗透：岩板具有很好的防污性能，用日常清洁剂护理即可。岩板密度大、防渗透、耐酸碱、耐腐蚀，可达五级超强防污。同时，具有低于0.02%的吸水率。相较于多孔结构、难以清洁的天然石材，岩板有明显的防污优势。

岩板可用于厨卫设施、家具、外立面、墙面、地面等全屋各种不同的表面，图2-164为其应用案例。

| （a）卫浴柜台面 | （b）餐桌、厨柜台面 |

🎓 **学习思考**

Q22. 简述岩板的性能特点。

（c）背景墙面　　　　　　　　　　　　　　　（d）岩板餐桌

图2-164　岩板的应用

　　岩板餐桌以其独特的装饰效果和使用性能得到了广泛的认可，常用规格有1200mm×600mm，1300mm×600mm，1400mm×800mm，1500mm×800mm，1600mm×800mm，1600mm×900mm，1800mm×900mm等。

🎓 **学习思考**

　　Q23．举例说明岩板餐桌的性能特点。

　　Q24．长方形餐桌的常用尺寸有哪些？

　　Q25．餐桌宽度≥600mm，长度≥1200mm的依据是什么？

参考文献

［1］张付花. AutoCAD家具制图技巧与实例［M］. 2版. 北京：中国轻工业出版社，2019.

［2］江功南，温鑫淼. 家具制图［M］. 2版. 哈尔滨：哈尔滨工程大学出版社，2010.

［3］刘谊. 家具材料［M］. 合肥：合肥工业大学出版社，2017.

［4］龙大军，冯冒信. 家具设计［M］. 北京：中国林业出版社，2019.